SOMMES-NOUS SEULS DANS L'UNIVERS ?

L'astronome Jean Heidmann, disparu en juillet 2000, travaillait à l'Observatoire de Meudon et était un des fervents animateurs du programme SETI de recherche de signaux émanant de civilisations extraterrestres.

Alfred Vidal-Madjar est chercheur à l'Institut d'astrophysique de Paris et spécialisé entre autres dans l'étude des planètes extrasolaires. Sur ce thème, il a publié *Il pleut des planètes* aux éditions Hachette Littérature en 1999.

Nicolas Prantzos est chercheur au CNRS.

Hubert Reeves, astrophysicien, est l'auteur de nombreux ouvrages de vulgarisation qui l'ont fait connaître d'un vaste public.

JEAN HEIDMANN
ALFRED VIDAL-MADJAR
NICOLAS PRANTZOS
HUBERT REEVES

Sommes-nous seuls dans l'Univers ?

Entretiens réalisés par
Catherine David
Frédéric Lenoir
et Jean-Philippe de Tonnac

FAYARD

INTRODUCTION

Le ciel n'est plus ce qu'il était. Notre planète n'est plus le nombril du monde. Depuis Copernic (1473-1543), nous savons qu'elle tourne autour du Soleil comme les autres planètes. Au XVIe siècle, Giordano Bruno (1548-1600) avait eu l'intuition, alors invérifiable, de l'infinité des mondes. Avec Newton (1642-1727), nous avons compris que le ballet des astres est réglé par la loi de la gravitation. Depuis quelques décennies, nous avons conscience, en levant les yeux vers la voûte étoilée, de ne contempler que le passé de l'Univers. Einstein (1879-1955) nous a révélé que l'espace et le temps sont intimement liés. Plus notre regard plonge loin dans l'espace, plus il se rapproche de la mystérieuse origine, le fameux big-bang dont l'écho s'estompe à mesure que les galaxies s'éloignent les unes des autres en rougissant. Expansion, voilà le maître mot des cosmologues contemporains. Alors que l'infiniment petit se manifeste avec insistance, l'immensité grandit au-delà de toute limite. L'horizon n'a cessé de reculer. Le temps nous révèle, jour après jour, sa plasticité vertigineuse, depuis le temps primordial de Planck jusqu'aux espérances de vie effarantes des superamas galactiques.

La place des hommes, dans ce maelström cosmique, s'est réduite comme une peau de chagrin, en extension et en durée. Nous avons reçu récemment des images en provenance de la sonde Voyager, lancée en 1977, et parvenue maintenant aux confins du système solaire. L'image de notre *Terre-Patrie** — selon l'heureuse expression d'Edgar Morin — n'est même plus, sur ces clichés bouleversants, celle d'une minuscule bille bleue qui disparaît sur l'arrière-plan des étoiles. La Terre dans son Système solaire est située près d'un bras de la Voie lactée, notre Galaxie, dont la forme spiralée s'enroule probablement autour d'un trou noir invisible. Notre Soleil de banlieue, entouré de son majestueux système, n'est plus que l'une des cent cinquante milliards d'étoiles de notre Galaxie : la lumière met cent mille ans à en traverser toute l'étendue...

Sur l'axe temporel, face aux durées astronomiques, la destinée humaine et tous ses avatars ne représentent plus qu'une fraction de seconde, un clin d'œil dans l'infini. Comme l'a rappelé Stephen Jay Gould, l'invention du « temps profond » au XIXe siècle a constitué une révolution intellectuelle considérable. Isaac Newton croyait encore que la Création avait six mille ans. Nous pensons aujourd'hui que l'Univers est né il y a quinze milliards d'années, au cours d'une explosion primordiale, le big-bang. Le Système solaire s'est formé il y a 4 milliards et demi d'années. Les premières traces d'organismes vivants (bactéries) sur la Terre ont trois milliards huit cents millions d'années. Les premiers organismes multicellulaires datent de l'explosion du cambrien, il y a cinq cent soixante-dix millions d'années. Les dinosaures ont régné sur la Terre pendant cent soixante millions d'années avant de disparaître il y a soixante-cinq millions d'années. Les premiers primates hominidés sont apparus il y a vingt millions d'années. Lucy est descendue de son arbre il y a trois millions d'années. Il y a quatre cent mille ans, l'homme préhistorique domestique le feu.

* Tous les ouvrages cités sont répertoriés dans la bibliographie (p. 281). On trouvera également en fin de volume un glossaire de termes ou notions scientifiques utilisés au cours des entretiens (p. 265).

L'*Homo sapiens sapiens*, doté de l'aptitude au langage, apparaît il y a deux cent mille ans. Notre concurrent, l'homme de Neandertal, a disparu il y a 35 000 ans après avoir cohabité avec notre ancêtre Cro-Magnon. La civilisation des peintures rupestres, de la grotte Chauvet à celle de Lascaux, se situe entre trente-deux mille et dix-sept mille ans avant notre ère. Le néolithique commence il y a dix mille ans. L'écriture apparaît à Sumer il y a cinq mille ans. En 1969, Armstrong posait le pied sur la Lune...

Et un pas de géant a été accompli en 1984, quand deux astronomes américains ont réussi à capter l'image d'un nuage de « poussières » entourant l'étoile Bêta Pictoris, dans la constellation de l'Atelier du peintre, à soixante-six années-lumière de notre Soleil. En décembre 1995, deux astronomes suisses détectaient à leur tour une planète gravitant autour de l'étoile 51 de la constellation de Pégase. En avril 1999 enfin, deux astronomes américains découvraient encore le premier système multiple : trois planètes géantes autour de l'étoile Upsilon de la constellation d'Andromède. En octobre 1999 enfin, les astronomes assistaient en direct au passage d'une planète un peu plus grosse que Jupiter devant l'étoile HD 209 458... Grâce à ces révélations sensationnelles, nous savons désormais que le Soleil n'est pas seul à être entouré d'un cortège de mondes.

Notre époque restera dans la mémoire des historiens comme celle où les scientifiques ont acquis la certitude que d'autres planètes, peut-être semblables à la nôtre, circulent autour des étoiles. A l'heure où nous mettons sous presse, vingt-sept nouvelles planètes ont été repérées par différentes méthodes, et le rythme des découvertes connaît une accélération spectaculaire. Les télescopes au sol rivalisent d'astuces pour détecter ces planètes. Le CNES (Centre national d'études spatiales) doit lancer dans l'espace, dès 2003, Corot, le premier satellite chasseur de planètes. De nombreux projets sont à l'étude, notamment l'installation de cinq télescopes à la même distance de la Terre que Jupiter, destinés à observer dans les meilleures conditions les nouveaux systèmes planétaires et ainsi peut-être un jour à trouver des « terres » portant des traces de vie.

Dans le même temps, notre définition du phénomène de la vie n'a cessé de s'élargir. Les biologistes et les astronomes envisagent aujourd'hui la possibilité que d'autres formes de vie, peut-être radicalement différentes de celle que nous connaissons, aient pu se développer sur d'autres mondes, même ceux qui lui semblent le plus hostiles — sous les glaces d'Europe, le satellite de Jupiter, voire dans les nuages interstellaires eux-mêmes... En 1977, dans *Cosmic Connection,* l'astronome américain Carl Sagan (1934-1996) examinait l'hypothèse extrême d'une vie plausible sur la planète Vénus ! Et la réalité dépasse la fiction : n'a-t-on pas récemment découvert des organismes vivants là où jamais nous n'aurions cru en trouver, dans les grands fonds sulfureux des fosses océaniques, là où la lumière ne pénètre jamais ?

Après avoir vu son rôle et sa place réduits presque à néant, l'homme sera-t-il bientôt dépossédé de son statut « exceptionnel » ? L'humanité cessera-t-elle un jour d'être un phénomène unique, en découvrant d'autres peuples sur d'autres planètes, pour se fondre dans un ensemble de civilisations galactiques ? Trouverons-nous un jour, sur ces terres lointaines, des êtres vivants, peut-être comparables, voire semblables à nous ? L'immensité du monde que la science révèle ouvre grande la porte des spéculations. Grâce aux progrès des techniques d'observation, les probabilités d'un tel événement ont été multipliées de manière foudroyante. Ce qui semblait exagéré, hier, est aujourd'hui raisonnable. Nous sommes passés de la prophétie à la prospective...

Si ces autres vivants existent quelque part, sont-ils conscients ? Sont-ils intelligents ? Parviendrons-nous à détecter un signal venu d'une intelligence extraterrestre ? Les nouvelles techniques de radioastronomie, avec l'aide de l'informatique, devraient nous permettre de capter un tel message, si jamais il nous parvient. Tout comme Jodie Foster dans son film *Contact,* les bioastronomes rassemblés au sein du domaine de recherches SETI (*Search for Extra-Terrestrial Intelligence*) envisagent cette possibilité avec assez de sérieux pour braquer patiemment leurs récepteurs pourvus de millions de canaux simultanés vers le silence des espaces infinis. Dès aujourd'hui, ils réfléchissent sur le contenu d'une réponse appropriée à un tel message et envisagent très concrètement la future installation de leurs observatoires sur la Lune.

L'humanité pourra-t-elle un jour se rendre dans les étoiles ? Les astronomes en sont persuadés et imaginent déjà, avec l'aide des ingénieurs et des physiciens, des moyens de propulsion qui seront peut-être ceux de l'humanité galactique. Si l'accélération du progrès technologique se maintient au rythme actuel, disent-ils, les hommes auront colonisé tout le Système solaire dans quelques siècles. Et dans trois millions d'années — le temps qui nous sépare de Lucy —, c'est bien le diable s'ils n'ont pas réussi à atteindre les étoiles. Feront-ils des rencontres en chemin ?

C'est ainsi que, depuis quelques années, l'hypothèse d'une vie extraterrestre a quitté le domaine des vaines spéculations sur les « ovnis », pour entrer de plein droit dans le champ de la recherche fondamentale. Elle nourrit désormais les préoccupations quotidiennes des astronomes et des biologistes. Ce changement de perspective, sans doute le nouveau paradigme du siècle qui s'annonce, est peut-être aussi important que la révolution copernicienne.

D'où l'idée de lui consacrer ce livre, résolument tourné vers le IIIe millénaire. Après les *Entretiens sur la fin des temps,* où nous avions tenté une première exploration du futur à la lumière du passé culturel de l'humanité, voici donc le témoignage de quatre scientifiques, quatre grands témoins du cosmos. Ils sont tous aux premières loges pour observer cette mutation majeure du regard scientifique. Nous leur avons demandé leur intime conviction sur cette question délicate, propice aux fariboles et aux extrapolations : compte tenu des données les plus récentes, pensez-vous que l'humanité rencontrera un jour ses semblables quelque part dans l'Univers ? Ou serons-nous condamnés à assumer notre solitude cosmique ?

Ils ont répondu avec passion, compétence, sincérité, et la volonté toujours réaffirmée de dire en termes simples des choses complexes. Ils nous ont reçus, chacun avec son expérience professionnelle, mais aussi sa personnalité singulière, ses espoirs et ses incertitudes. Ainsi leurs points de vue se sont parfois avérés divergents, et parfois contradictoires. De quoi inaugurer l'un des grands débats de ce siècle nouveau. Grâce à eux, très vite, notre enquête s'est organisée d'elle-même autour de quatre grands thèmes et selon une progression narrative qui nous a surpris par son intensité : de l'enquête sur le terrain et de l'observation astronomique aux extrapolations les plus vertigineuses de la technologie actuelle — et aux questions ultimes de la métaphysique.

Jean Heidmann, qui ouvre le feu, est ce fameux radioastronome de l'Observatoire de Paris qui se consacre depuis plus d'une quinzaine d'années, contre vents et marées, à l'analyse d'éventuels signaux en provenance de civilisations extraterrestres. Il est membre du comité d'organisation de la Commission de bioastronomie de l'Union astronomique internationale, membre de l'Académie internationale d'astronautique et secrétaire de son comité SETI (cette académie est le premier organisme à avoir reconnu SETI dès 1966), auteur de *L'Odyssée cosmique* (1986) et de *Intelligences extra-terrestres* (1996, prix du livre scientifique de l'académie internationale d'astronautique 1997). Ce pionnier à la crinière blanche et à la bonne humeur inébranlable, qui fut longtemps la cible des rieurs, nous a raconté les épisodes marquants de sa longue aventure à l'écoute des étoiles. Il n'a encore rien capté, mais il ne se décourage nullement : il y a si peu de temps que nous cherchons ! Quelles sont les raisons de penser que l'intelligence se serait développée ailleurs que sur la Terre ? Que peut-on espérer, que doit-on craindre d'un éventuel contact ? Quelle attitude adopterait la communauté internationale au cas où... ?

C'est Alfred Vidal-Madjar, de l'Institut d'astrophysique de Paris, médaille d'argent du CNRS, lui aussi infatigable homme de terrain, qui a pris le relais. Alors que Jean Heidmann analyse des ondes radio, Alfred Vidal-Madjar, lui, regarde, scrute, photographie et analyse les spectres lumineux des corps célestes. Dans les télescopes du monde entier, il suit à la trace les nouveaux systèmes planétaires récemment découverts. Une aventure exaltante qu'il a racontée dans *Il pleut des planètes* (1999). Cet amoureux de la lumière ne s'est pas contenté de préciser pour nous les silhouettes fascinantes mais encore floues de ces belles étrangères. Il a tenté d'évaluer les implications de ces découvertes, notamment grâce aux puissants sortilèges du « calendrier cosmique ».

Après les grandes antennes de Jean Heidmann et les yeux perçants d'Alfred Vidal-Madjar, nous avons poursuivi notre voyage dans l'espace-temps en allant demander à Nicolas Prantzos, chargé de recherches au CNRS, spécialiste d'astrophysique nucléaire, lauréat du prix de la Société française d'astronomie (1994), et auteur de *Voyages dans le futur. L'aventure cosmique de l'humanité* (1998), d'éclairer notre lanterne. Irons-nous dans les étoiles ? Dans combien de temps ? Dans quel but ? Avec quels moyens de locomotion ? Il a brossé devant nous un vaste panorama du destin spatial de l'homme dans les décennies, les siècles et les millénaires à venir, mobilisant toutes les ressources de la science et de la technologie, sans hésiter à évoquer les visions prophétiques de la science-fiction.

Enfin, après ce vertigineux périple, c'est vers Hubert Reeves, l'auteur, entre autres, de *Patience dans l'azur* (1981), *Poussières d'étoiles* (1984), *L'Heure de s'enivrer* (1986), que nous nous sommes tournés pour revenir, dans une vaste fresque méditative, sur l'objet ultime de cette enquête : la Vie. Qu'appelle-t-on ainsi ? Peut-on la définir à partir de l'exemple unique de la Terre ? Peut-elle prendre d'autres formes ? Le développement de la vie conduit-il nécessairement à l'apparition de la conscience ? Comment les nouvelles découvertes de l'astrophysique et de la biologie vont-elles modifier notre vision du monde et de nous-mêmes ?

L'histoire future de la civilisation humaine sera profondément marquée par les découvertes d'aujourd'hui. Avec nos quatre grands témoins, nous avons tenté d'en évaluer les conséquences à long terme. Plus qu'un livre, *Sommes-nous seuls dans l'univers ?* voudrait être une porte ouverte sur l'avenir, une avancée dans l'inconnu. Un plongeon dans la nuit étoilée.

Catherine David,
Frédéric Lenoir,
Jean-Philippe de Tonnac

La musique des sphères

par

Jean Heidmann

Qui se serait douté qu'à deux cents kilomètres au sud de Paris les forêts de Sologne abritaient le deuxième plus grand radiotélescope du monde et que des astronomes bardés de distinctions et d'honneurs universitaires y captaient des ondes venues du cosmos ? Pourquoi Nançay, près de Vierzon, dans le département du Cher ? Pour s'éloigner des grandes zones industrielles, pour fuir cette pollution radio qui perturbe la réception des signaux en provenance des corps célestes mais aussi pour ne pas trop s'éloigner de la capitale.

Au lendemain de la guerre, la France s'est donc lancée dans le projet d'aménagement d'un terrain de cent hectares destiné à accueillir en 1960 le fameux grand radiotélescope inauguré par le général de Gaulle cinq ans plus tard. Voué à l'étude des galaxies grâce au rayonnement émis par l'hydrogène atomique, le grand radiotélescope dresse ses deux vastes miroirs au-dessus des arbres et semble préfigurer l'ère des « contacts » annoncée par Jodie Foster dans son film. C'est dans ce décor futuriste que Jean Heidmann nous reçoit et nous fait les honneurs d'une visite commentée du centre. La superficie des lieux n'autorisant pas une promenade à pied, nous prenons place dans une voiture qui longe à présent, espacées sur plus d'un kilo-

mètre, les seize antennes du radiohéliographe — authentiques tournesols de métal cherchant le Soleil à travers les nuages.

D'emblée, Jean Heidmann annonce la couleur. Il ne « croit » pas à l'existence d'extraterrestres comme d'autres croient aux apparitions de la Vierge ou à la réincarnation. Vous n'obtiendrez pas de lui de longs commentaires sur ces créatures improbables. Rien sur les ovnis. N'ayant aucune preuve scientifique de la présence de civilisations dans le cosmos en dehors de la nôtre, son honnêteté intellectuelle l'empêche de rien affirmer dans ce domaine et c'est à cette prudence qu'il nous invite tout au long de ces entretiens. Pourtant, loin de se laisser décourager par ce silence imposant du ciel, il voudrait, en compagnie des radioastronomes qui partagent sa curiosité, tout mettre en œuvre pour capter demain un message. Jamais, dit-il, nous n'avons été si près du but et jamais nous ne nous sommes donné autant de moyens pour y parvenir. Cette prudence, doublée d'une détermination que les moqueries, les attaques de tous bords n'ont pas ébranlée, force l'admiration. Face à la question de l'existence d'autres formes de vie dans l'Univers, Jean Heidmann n'affirme rien : « Je subodore », répète-t-il. Christophe Colomb n'avait pas davantage de doute ou de conviction lorsqu'il prit la mer.

Sa vocation s'est affirmée progressivement : « Je me souviens par exemple de ma mère m'invitant à contempler la Lune au crépuscule. Elle trouvait ce spectacle incomparable et j'ai naturellement conçu une très vive attirance pour les astres et particulièrement pour la Lune. Ma mère avait un goût prononcé pour l'art, la musique, la poésie, et savait nous faire découvrir la beauté des choses. Mon père étant un grand ingénieur, je me suis formé à l'Ecole centrale pour entrer, quelques années plus tard, dans l'industrie. Mais j'ai tout de suite senti que ma place n'était pas là : je n'y suis resté que cinq jours ! » Il rejoint alors le physicien Louis Leprince-Ringuet, qui étudie les rayons cosmiques dans le laboratoire qu'il dirige à l'Ecole polytechnique — des particules de très grande énergie comme les protons, les électrons, les mésons ou les photons, dont la provenance reste inconnue. Une complicité élective scelle cette relation qui débouche quelques années plus tard sur la soutenance de deux thèses dans le domaine de la physique nucléaire et sur le premier programme de satellite artificiel gouvernemental français.

Bientôt admis au sein de la prestigieuse assemblée des astronomes titulaires de l'observatoire de Paris-Meudon, rattaché ensuite au centre de radioastronomie de Nançay, il entreprend avec l'Italienne Caterina Casini une recherche sur les galaxies « à grumeaux » qu'ils découvrent avant le satellite infrarouge IRAS. Mais la puissance du grand radiotélescope de Nançay lui laisse entrevoir en 1980 des perspectives nouvelles et il oriente imperceptiblement son activité vers la recherche de signaux artificiels.

En 1982, la carrière de Heidmann va s'infléchir au moment où il apprend que l'Union astronomique internationale (UAI) crée une commission baptisée « Bioastronomie, la recherche de vie extraterrestre », laquelle se propose de découvrir, non plus seulement des manifestations de vie dans l'Univers, mais la présence éventuelle de civilisations avancées par la « détection de signaux radio extraterrestres ». Deux cents astronomes de nationalités et de formations universitaires différentes se rassemblent désormais au sein de SETI dans l'espoir de capter, dans un délai « d'un jour ou d'un siècle » ce premier signal tant attendu en provenance d'un monde inconnu.

Parmi ces chercheurs rattachés aux principaux centres de radioastronomie dans le monde, Jean Heidmann n'a ménagé, ces dernières années, ni ses forces ni son enthousiasme. Avec fierté et pudeur, il a affronté les questions qui lui étaient présentées et refusé de s'engager plus loin que son expérience de radioastronome ne l'y autorisait.

Des signaux venus du ciel

— *Sommes-nous seuls dans l'Univers ?*

Jean Heidmann. — J'ai tendance à penser que nous ne sommes pas seuls. Mais je n'en ai bien sûr aucune preuve.

— *C'est une opinion très ancienne chez vous ?*

J. H. — Ma recherche a commencé en 1982. Le bon sens m'amenait à penser qu'il devait en effet exister des civilisations semblables, et sans doute plus avancées que la nôtre, avec lesquelles nous pourrions entrer en contact. Et si nous n'avions pas encore perçu un message en provenance de ces planètes, cela prouvait seulement que ces messages n'étaient pas facilement détectables. La recherche n'en était que plus passionnante.

— *Vous faites donc partie de ces quelques astronomes qui œuvrent aux destinées de SETI. Mais qu'est-ce que SETI, au juste ? Une société secrète ?*

J. H. — SETI est un sigle servant à désigner un domaine d'étude particulier au sein de la recherche en astrophysique. Comme son nom l'indique, SETI, *Search for Extra-Terrestrial Intelligence,* (« Recherche d'intelligence extraterrestre »), privilégie la recherche de toute forme de vie intelligente dans l'Univers. SETI n'est ni le nom d'un institut ni celui d'une entreprise. Et ce n'est pas une société secrète. Désolé de vous décevoir !

— *Les astronomes qui participent au projet SETI croient donc tous à l'existence d'une vie extraterrestre ?*

J. H. — Disons plutôt qu'ils acceptent sans préjugé la possibilité d'une vie intelligente en dehors de la nôtre. SETI s'est développé à travers des programmes de recherches multiples dont le plus important était financé par la Nasa. Mais le Congrès américain nous a fait faux bond. Nous y reviendrons peut-être...

— *Savez-vous combien d'astrophysiciens compte la communauté internationale et combien parmi eux sont concernés par SETI ?*

J. H. — D'abord ce ne sont plus des astrophysiciens, mais des bioastronomes, ou des astrobiologistes. Je n'aime pas beaucoup le mot « astrophysique », parce que en fait il s'agit d'astronomie au sens le plus général du terme. Au moment où il créa l'observatoire de Meudon, Jules Janssen le désigna comme la « section astrophysique de l'Observatoire de Paris ». Pourquoi « astrophysique », me direz-vous ? Janssen voulait se servir de la spectroscopie (étude du spectre d'un rayonnement) qu'il avait mise au point en pionnier pour savoir en quoi consistait l'atmosphère de certaines étoiles. Il a utilisé le mot « astrophysique » dans ce sens. Les personnes qui y travaillent sont, aujourd'hui encore, dans la « section astrophysique de l'observatoire de Meudon ». Mais je préfère pour ma part le mot « astronomie » pour désigner tout ce qui concerne le cosmos à partir de la très haute atmosphère.

— *Alors, combien d'astronomes ?*

J. H. — Huit mille dans le monde s'investissent dans la recherche astronomique. Ce sont les chiffres que donne l'Union astronomique internationale.

— *Et combien parmi eux étudient la vie extraterrestre ?*

J. H. — Deux cents sont concernés par SETI. C'est tout de suite beaucoup moins.

— *Sont-ils des pionniers ou des hérétiques ?*

J. H. — Je dirai plutôt des pionniers. Même s'il a été brûlé vif, Giordano Bruno n'était pas, lui non plus, un hérétique ! C'est lui qui a formulé l'hypothèse que l'espace pouvait être infini et qu'une étoile pouvait constituer à elle seule tout un monde. Il ne disposait pas de preuves scientifiques, mais ses intuitions étaient justes.

— *Nous nous doutions que vous vous tourneriez vers les pionniers !*

J. H. — Je vous rappelle que j'ai été le premier scientifique français à lancer un programme de satellite artificiel gouvernemental à l'époque où je travaillais encore dans le laboratoire de Leprince-Ringuet. J'avais moi-même un peu oublié cet épisode ! Il se trouve qu'un Institut français d'histoire de l'espace s'est constitué récemment et qu'un collègue a ressorti ces vieux dossiers qu'il m'a mis sous les yeux. Je suis maintenant ravi d'être reconnu comme le pionnier des satellites en France, avec dix ans d'avance. Pionnier, donc, et pas hérétique, vous voyez ! On ne m'a pas brûlé...

— *Vous êtes aujourd'hui un radioastronome de renommée internationale, qu'on écoute...*

J. H. — Je suis un employé de l'Etat, un haut fonctionnaire titulaire du plus haut grade dans la hiérarchie des astronomes, l'équivalent d'un Professeur des Hôpitaux ou d'un général avec je ne sais combien d'étoiles. Cela fait sept ans que je suis à la retraite et l'on m'a attribué un statut spécial d'« astronome associé » à l'Observatoire de Paris, ce qui me permet de profiter encore de certaines facilités pour mes recherches.

— *La retraite ne vous empêche donc pas de garder une oreille ouverte vers le ciel ?*

J. H. — Pourquoi voudriez-vous que je cesse mes recherches au moment où j'ai l'impression que nous progressons hardiment vers notre but ?

— *Mais comment pouvez-vous être si catégorique ?*

J. H. — Je n'affirme rien, je subodore. La nuance est essentielle. Les gens qui affirment l'existence de civilisations extraterrestres, sur la base de quelques convictions personnelles, n'ont pas davantage mon estime.

— *Mais vous affirmez aussi que ce signal viendra...*

J. H. — J'affirme qu'il faut tout mettre en œuvre pour capter un message. Il faut, dans toute cette affaire, garder son sang-froid et sa raison. Si l'on me donnait la preuve demain qu'il n'y a rien, je m'inclinerais. Dans le doute, je considère que c'est un devoir éthique de chercher.

— *Pourquoi avez-vous fait l'hypothèse que les civilisations extraterrestres communiqueraient avec nous par ondes radio ?*

J. H. — Pour des raisons pratiques. Les ondes électromagnétiques voyagent vite et loin sans être trop perturbées. On aurait pu imaginer de capter des neutrinos qui présentent des qualités assez comparables, mais nous ne sommes pas en mesure de fabriquer des récepteurs de neutrinos efficaces. Les essais, notamment, pour capter des neutrinos en provenance du Soleil, ces particules élémentaires qui pourraient nous renseigner sur l'activité interne de cette étoile, ont rencontré de très grandes difficultés. Lorsque la supernova a explosé en 1987 dans le nuage de Magellan, nous n'avons recueilli que treize neutrinos. C'est vraiment peu !

— *Qu'est-ce qu'une onde électromagnétique ?*

J. H. — Prenons une image classique. Si vous agitez l'eau d'un étang, vous provoquez des ondes circulaires qui se propagent jusqu'à la rive. La « longueur d'onde » est la distance entre deux crêtes. Le nombre de crêtes qui touchent la rive par seconde est la fréquence. Plus elles se succèdent rapidement, plus la longueur d'onde est courte. En fonction de la longueur d'onde, vous obtenez toute la gamme des ondes électromagnétiques, des ondes radio aux ondes gamma en passant par l'infrarouge, la lumière, l'ultraviolet, les rayons X. L'expérience a montré que les longueurs d'onde avec lesquelles on obtiendrait les meilleurs résultats se situaient entre trois et trente centimètres. Ces ondes décimétriques sont précisément celles que peut capter le grand radiotélescope de Nançay.

— *Comment choisit-on la partie du ciel qu'on va observer ?*

J. H. — Une des méthodes consiste à viser des étoiles, qui, pensons-nous, sont entourées de planètes susceptibles d'abriter des formes de vie. Nous délaissons donc les étoiles trop vieilles qui menacent d'imploser en naine blanche ou d'exploser en géante rouge. Nous privilégions des étoiles de type solaire. Maintenant que nous avons localisé avec certitude des systèmes planétaires autres que notre Système solaire, c'est vers eux que nous tournons de préférence nos regards. Il est certain que, d'ici à dix ans, nous aurons découvert des centaines de planètes en orbite autour d'une étoile. Notre champ de recherche ne cessera de s'élargir.

— Les travaux des astrophysiciens, comme Alfred Vidal-Madjar, qui ont localisé ces systèmes planétaires, stimulent donc votre propre recherche ?

J. H. — Il est évident que nous avons, plus que jamais, intérêt à dialoguer, à nous entraider.

— La découverte de ces nouvelles planètes amène-t-elle certains de vos collègues à changer de point de vue sur la question de la vie extraterrestre ?

J. H. — C'est Michel Mayor qui a découvert la première planète extrasolaire. Je l'avais rencontré à l'observatoire de Haute-Provence et nous sommes devenus amis. Il est évident que ces nouvelles découvertes servent la cause que les astronomes de SETI défendent depuis des années. Et sans doute ne sommes-nous pas au bout de nos surprises. Savez-vous qu'on vient de découvrir une étoile avec trois planètes en orbite ? Alfred Vidal-Madjar vous en parlera certainement.

— Tout récemment ?

J. H. — L'observation s'est développée sur une dizaine d'années, mais les résultats ont été publiés il y a quelques mois seulement.

— Vous observez ou écoutez depuis quarante ans, mais c'est sans doute un temps très court pour la recherche que vous avez engagée...

J. H. — Oh oui ! Il faut vingt ans pour construire un bon télescope — ou un télescope spatial — et dix ans pour l'exploiter. Trente ans, donc, pour être à peu près opérationnel. Vous voyez qu'à l'échelle d'une vie d'homme on ne peut risquer de perdre son temps.

— Vous êtes donc amené à mettre en place des ins-

truments dont se serviront les nouvelles générations de chercheurs ?

J. H. — Je préférerais naturellement être présent le jour où ces jeunes gens capteront un message. Mais il va sans dire que cette recherche est longue et qu'elle concerne plusieurs générations d'astronomes. Il faut s'y faire !

— Lorsqu'on a choisi sa cible, comment cela se passe-t-il ?

J. H. — Je pointe un astre que je veux étudier en inclinant dans sa direction le miroir-plan de deux cents mètres de large et de quarante mètres de haut du grand radiotélescope de Nançay, de manière que les ondes soient renvoyées sur le second miroir de forme sphérique situé en face, à cinq cents mètres. Tombant sur ce miroir sphérique, les ondes se trouvent concentrées en un point — c'est le principe de la loupe — et recueillies dans des récepteurs installés dans un chariot mobile dit « chariot focal » qui se déplace en fonction du mouvement de la Terre. On peut de cette manière effectuer une pose continue sur une période d'une heure. Vous avez constaté combien le spectacle de cette cabane roulant en silence sur ses rails est impressionnant : les ondes qui nous parviennent ont parcouru des milliers ou des milliards d'années-lumière ! Après quoi elles font l'objet d'un traitement informatique. Les récepteurs les plus performants disposent maintenant d'un milliard de canaux simultanés. Arecibo, le plus grand radiotélescope du monde, est, lui, un grand bol de trois cents mètres de diamètre installé dans un trou creusé dans le sol. Son angle de captation est donc beaucoup plus étroit que celui de Nançay.

— Vous avez parlé d'un milliard de canaux simultanés ?

J. H. — Les communications interstellaires peuvent emprunter quelque cent milliards de canaux d'émission. Nous disposons à Nançay de récepteurs capables de recevoir simultanément mille fréquences émises sur mille canaux différents. C'est trop peu. Au commencement de l'aventure SETI, la Nasa avait suggéré que nous ne pouvions nous satisfaire de quelques canaux et qu'il fallait améliorer nos capacités de réception. Le record a été atteint dernièrement à l'université de Harvard, qui a pratiqué une écoute simultanée sur un milliard de canaux ! C'est une technologie dont l'efficacité double tous les huit mois depuis trente ou quarante ans. Tout cela nous donne de l'espoir et nous fait espérer capter un signal dans un délai que ces progrès technologiques réduisent considérablement.

— *Et, malgré cela, toujours pas de message...*

J. H. — Ce silence n'est évidemment pas réconfortant !

— *Comment des signaux extraterrestres se différencieraient-ils de tous les autres signaux que la Terre reçoit en provenance du cosmos ?*

J. H. — C'est une question que nous étudions aujourd'hui. Pour éviter toute confusion avec des parasites, des émissions continues en provenance des autres astres, et maintenant des émissions envoyées vers la Terre par les satellites, nous avons choisi des signaux radio avec des longueurs d'onde les plus serrées possibles. En dépit de ce choix, lorsque l'un des satellites qui envoient des ondes vers vos portables passe au-dessus de Nançay, nous ne percevons plus les signaux venus de l'espace...

— *Cela vous pose de gros problèmes ?*

J. H. — De plus en plus ! C'est bien la raison pour laquelle nous devons imaginer des solutions nouvelles pour poursuivre la recherche SETI dans les prochaines années. Je vous parlerai tout à l'heure d'un projet de radiotélescope lunaire qui pourrait constituer la solution que nous cherchons.

— *Pouvez-vous raconter dans quelles conditions la première écoute a été faite ?*

J. H. — Elle a été réalisée aux Etats-Unis par un étudiant en doctorat du nom de Frank Drake. Il avait obtenu de son directeur l'autorisation de construire un récepteur capable d'écouter des signaux pouvant provenir des étoiles les plus proches, sur la longueur d'onde de vingt et un centimètres. Il a placé son récepteur derrière l'un des grands radiotélescopes en service situés en Virginie et a procédé à ses premiers essais. Après quelques semaines, il avait une étoile candidate dont il pensait avoir reçu des signaux.

— *Vous l'avez connu ?*

J. H. — Depuis la création de SETI, nous nous sommes souvent rencontrés.

— *En quoi l'expérience de Drake était-elle nouvelle ?*

J. H. — Il ne s'agissait plus seulement de communication à l'intérieur de notre système solaire, expérience qui remontait au début de l'histoire de la radio, soit à une centaine d'années. A l'époque où la radio a été inventée, en effet, des circonstances astronomiques bien précises ont fait que la planète Mars s'est trouvée à bonne distance de la Terre et qu'on a pu tenter d'écouter les signaux qui en provenaient. Pour optimiser cette écoute, on a demandé à tous ceux qui possédaient un émetteur de l'arrêter. Drake, lui, espérait recevoir des signaux radio provenant non pas d'une planète du Système solaire mais d'autres systèmes planétaires, dans notre Galaxie ou dans une autre. C'était un très grand pas pour l'humanité. L'expérience de Drake s'est déroulée d'ailleurs au moment où deux physiciens spécialistes des rayons cosmiques, Giuseppe Cocconi et Philip Morrison, ont établi que les progrès de la radioastronomie nous mettaient en situation de pouvoir échanger des informations avec des planètes situées à des distances interstellaires considérables. Pourtant, si Drake a fini par percevoir quelque chose, ce n'étaient malheureusement pas les signaux qu'il espérait, mais des avions espions, paraît-il !

— *La recherche d'une vie extraterrestre date de cette époque ?*

J. H. — La possibilité d'une vie extraterrestre s'est trouvée justifiée scientifiquement le jour où Copernic a pu démontrer que la course des planètes Mercure, Vénus, Mars, Jupiter et Saturne possédait les mêmes caractéristiques essentielles que celle de la Terre : elles tournaient elles aussi autour du Soleil. La Terre étant habitée, la question de savoir si ces autres planètes l'étaient aussi méritait donc d'être posée. Cette hypothèse s'est trouvée renforcée lorsque Galilée (1564-1642) a pointé en 1610 une petite lunette en direction de ces corps et a pu les observer. Il a découvert alors que Vénus, Mars, Jupiter, etc. étaient des globes comparables au globe terrestre et que certains étaient même pourvus de « lunes ». Ces idées seront reprises et discutées par le physicien hollandais Christiaan Huygens (1629-1695), qui a travaillé à l'Observatoire de Paris fondé en 1667 sur les conseils de Colbert. C'est donc Huygens, l'un des plus grands esprits de son temps, inventeur de l'horloge à pendule permettant aux navires de déterminer leur longitude et découvreur de Titan, l'un des satellites de Saturne, qui avance scientifiquement le premier l'hypothèse de l'existence d'une vie extraterrestre. Et c'est Fontenelle qui, en 1686, dans les *Entretiens sur la pluralité des mondes,* la popularisera : vous vous souvenez que Fontenelle raconte qu'il se promène à la nuit tombée dans un parc et explique à sa marquise que la Lune est un monde habité comme les autres planètes...

— *Le mythe des Martiens s'est-il élaboré sur ces mêmes bases ?*

J. H. — Jules Janssen (1824-1907), alors directeur de l'Observatoire de Paris, pensait avoir découvert des traces de vapeur d'eau dans l'atmosphère de la planète Mars, ce qui pouvait laisser penser qu'il existait en effet une forme de vie. L'observation étant compromise du fait de la pollution, il a cherché un lieu à l'écart de la capitale pour poursuivre ses études. C'est de cette manière qu'est né l'observatoire de Meudon. Dans son discours aux cinq Académies en 1896, il dit explicitement vouloir privilégier la recherche de vie extraterrestre. La tradition s'est ainsi maintenue depuis Huygens. Puis, dans les années 1950-1955, un groupe d'astronomes de l'observatoire de Meudon s'est mis à réfléchir au projet d'un grand radiotélescope. Vous connaissez la suite.

— *Vous avez uniquement travaillé à Nançay sur la recherche de signaux artificiels ?*

J. H. — Absolument pas. J'ai travaillé en grande partie sur la cosmologie : big-bang, expansion de l'Univers, etc. J'avais commencé à m'y intéresser dans les années 1960-1965, c'est-à-dire à une époque où la question de l'origine en science était taboue. On ne pouvait toucher à la création.

— *On a dit que le big-bang a été une sorte de renaissance du créationnisme dans les sciences...*

J. H. — Dans mon milieu scientifique, je sais seulement que toute recherche sur l'origine était mal considérée. Je l'ai pourtant entreprise et j'ai fini par publier un livre grand public, voilà dix ans, que j'ai intitulé *L'Odyssée cosmique*. Je me suis rendu compte que l'humanité ne représentait que très peu de chose dans cette aventure, et que, de plus, elle était d'une vulnérabilité absolue, à la merci par exemple d'un astéroïde venant percuter de plein fouet la planète qui l'abritait. Vraiment, nous ne sommes que trois fois rien dans le cosmos. Vous me direz que c'est déjà mieux que rien !

— Et votre implication dans SETI, pouvez-vous nous en parler ?

J. H. — C'est à Nançay, bien évidemment, que j'ai mis en œuvre nombre de programmes SETI, en collaboration avec des astronomes étrangers mais sans le concours de l'Etat français. Pourquoi n'a-t-on jamais accepté de placer à Nançay l'un de ces récepteurs dotés de millions de canaux simultanés d'écoute afin de servir efficacement la recherche ?

— Parce que les réticences demeurent vis-à-vis du problème de l'existence d'une intelligence extraterrestre...

J. H. — Vous avez raison ! Vous n'imaginez pas combien de fois on m'a taquiné à propos des « petits hommes verts » !

— Qui vous a taquiné ? Vos proches ? Vos lecteurs ? Les scientifiques ?

J. H. — Les attaques les plus féroces viennent du milieu scientifique.

— Avez-vous eu des différends importants avec certains de vos collègues ?

J. H. — Non. On ne se bagarre jamais. Pas de duel, par exemple. Il faut voir dans ces réactions négatives, hostiles parfois, un préjugé de nature inconsciente vis-à-vis de l'existence d'une civilisation extraterrestre suffisamment développée pour pouvoir communiquer avec nous. Un être intelligent ne peut accepter sans protester l'idée qu'il existe un être plus intelligent que lui, sauf si cette intelligence est réputée infinie et ne se trouve plus en compétition avec la sienne. Dans ce cas, pourvu qu'elle se situe en dehors du monde réel et n'entre pas en rivalité avec l'intelligence humaine — et masculine, la plus susceptible ! —, il est possible de croire à l'existence d'un Etre infiniment intelligent. Le cas des civilisations extraterrestres est tout autre, notre intention étant de les découvrir dans ce monde, distantes de nous de quelques dizaines d'années-lumière seulement.

— La découverte des nouveaux systèmes planétaires ne change-t-elle pas un peu la donne ?

J. H. — Nous complétons nos connaissances du cosmos mais les réticences, souvent, demeurent. Vous connaissez comme moi des scientifiques pour affirmer que le cerveau humain est le seul cerveau intelligent dans l'Univers. Vrai ou faux ?

De qui attend-on un message ?

— Qu'est-ce que les radioastronomes de SETI recherchent en réalité ?

J. H. — Nous recherchons des indices de technologies plus avancées que la nôtre. Si nous découvrons par exemple des ondes modulées d'une étrange façon, contenant une information nouvelle pour nous, nous pourrons avancer l'hypothèse que ces signaux émanent d'une intelligence. On peut imaginer aussi que ces signaux se soient échappés de manière accessoire d'une planète lointaine. Une civilisation extraterrestre peut très bien avoir élaboré une technologie à une échelle astronomique, à la mesure de tout un système solaire, consommant ainsi des quantités d'énergie considérables. Par les lois de la physique qui sont valables dans notre Galaxie comme dans une autre, une partie de cette énergie a dû nécessairement fuir et se propager dans l'espace. Ce sont ces fuites astrotechnologiques que nous recevrions alors. Prenez l'exemple du moteur à explosion qui propulse votre véhicule et qui chauffe. Il n'est pas utile qu'il chauffe pour que votre voiture avance, mais c'est ainsi. Parce qu'il chauffe, il émet un rayonnement infrarouge qui peut être détectable à grande distance.

— *Notre propre technologie émet donc aussi quantité de signaux en direction de l'espace ?*

J. H. — Bien entendu, et surtout depuis la guerre froide. Pour détecter la présence de missiles en provenance du camp adverse, Américains et Soviétiques ont lancé de puissants faisceaux radars au-dessus du pôle Nord et au ras du sol. Ne rencontrant pas leur cible, ces faisceaux sont partis dans l'espace et doivent se trouver à présent à près de cinquante années-lumière de la Terre.

— *Ils peuvent avoir touché une planète habitée...*

J. H. — Cela aurait pu être le cas lors de recherches menées avec le radar planétaire du radiotélescope d'Arecibo, à Porto Rico, dirigé vers Vénus. On a alors pointé le radiotélescope en direction des étoiles que ces faisceaux radar auraient pu rencontrer : seules une demi-douzaine d'entre elles semblent avoir intercepté l'un de ces faisceaux. Ces étoiles ont été, bien entendu, ajoutées à la liste des astres que nous observons et écoutons. S'il s'est trouvé dans ces parages des populations douées d'intelligence, ces signaux ont pu leur suggérer l'idée de nous répondre.

— *Mais nous émettons des signaux depuis plus longtemps encore...*

J. H. — La radio existe depuis un siècle, mais elle était beaucoup moins puissante à l'origine. L'activité radar du radiotélescope d'Arecibo pourrait être détectée à mille années-lumière de la Terre par une civilisation qui posséderait un instrument comparable à celui de Nançay. Un rayon de mille années-lumière balayant l'espace autour de la Terre, cela concerne des millions d'étoiles !

— *Mais le centre d'Arecibo n'est pas en activité depuis mille ans.*

J. H. — Vous avez raison. Pour toucher ces millions d'étoiles les plus proches du Système solaire, il faudra attendre plus longtemps. Tout cela ne retire rien au fait que les signaux émis par la technologie terrestre sont bel et bien partis.

— *Sans parler des signaux émis par les explosions nucléaires...*

J. H. — Le flash nucléaire d'Hiroshima est aujourd'hui à cinquante années-lumière de la Terre. Et, dans ce cas, le signal est omnidirectionnel, c'est-à-dire qu'il n'est pas dirigé comme un faisceau radar.

— *Et si c'était précisément ce signal que les extraterrestres percevaient ?*

J. H. — L'hypothèse est scientifiquement recevable.

— *Curieuse entrée en matière, tout de même : imaginons que ces êtres essaient de comprendre ce que nous avons voulu leur dire ?*

J. H. — Il faut laisser un peu son imagination de côté, sans quoi, on tombe dans la plus parfaite fantaisie. Le projet SETI est fondé sur trois hypothèses de travail simples et parfaitement raisonnables. Nous avançons d'abord que la vie et l'intelligence qui se sont manifestées sur Terre sont le résultat de l'évolution naturelle de processus physiques inhérents à la nature du cosmos...

— *Dans des conditions analogues, la vie peut donc surgir sur n'importe quelle planète de l'Univers ?*

J. H. — C'est cela. C'est notre deuxième hypothèse de travail. Vous ne pouvez soutenir aisément qu'elle soit sans valeur sur le plan scientifique. Le nombre des galaxies est tel que nous évaluons celui des étoiles à dix puissance vingt-deux dans le cosmos observable. Sans compter que, si notre système solaire s'est formé dix milliards d'années après le big-bang, des systèmes solaires semblables au nôtre ont pu apparaître beaucoup plus tôt. Troisième proposition, qui ne recueille pas tous les suffrages : l'intelligence humaine n'est pas le summum de ce que le cosmos a pu produire. Je peux vous assurer que parmi les êtres humains que j'ai rencontrés au cours de mes conférences, certains redoutent par-dessus tout cette dernière hypothèse.

— *Quelles conséquences déduisez-vous de ces trois postulats ?*

J. H. — Il pourrait exister dans le cosmos des technologies plus avancées que la nôtre. Une fois qu'ils ont formulé ces hypothèses, les astronomes n'ont plus qu'à se mettre au travail pour les tester. Ce qu'ils n'ont pas manqué de faire.

— *Si vous mettez l'intelligence de côté, est-ce pour signifier qu'elle n'engendre pas toujours une activité de type technologique ?*

J. H. — Il faudrait consulter un philosophe sur ce sujet. L'astronome que je suis juge plus prudent de s'en tenir à des observations scientifiques et de laisser au philosophe la primeur du commentaire. Nous nous contentons pour l'heure d'essayer de capter des ondes électromagnétiques radio, mais plus tard nous tenterons d'intercepter des rayonnements infrarouges, des rayons X... Si, en plus, le signal est codé et contient un message à notre intention, nous chercherons aussitôt à le décrypter. Mais cette éventualité appartient encore au domaine du futur.

— Pour consulter utilement un philosophe sur ces questions, il faudrait que votre démarche scientifique lui soit parfaitement intelligible, ce qui est rarement le cas.

J. H. — Nous avons organisé quelquefois des congrès mixtes où pouvaient intervenir cosmologues et philosophes. Les résultats n'ont guère été probants. Il y a heureusement quelques exceptions ; par exemple, Dominique Lecourt, un philosophe qui préside le jury du prix du livre du Festival d'astronomie qui a lieu chaque année.

— Les humains n'ont-ils pas déjà eux-mêmes adressé des messages à leurs éventuels compagnons extraterrestres ?

J. H. — Vous faites allusion au message imaginé par l'astronome Carl Sagan et que les Américains ont placé à l'intérieur des sondes Pioneer et Voyager ? Il ne s'agissait pas, en l'occurrence, d'une onde radio.

— C'est un scénario comparable que Jodie Foster a imaginé dans Contact. *Mais, là, il s'agissait d'un message codé adressé aux Terriens par une civilisation plus avancée que la nôtre.*

J. H. — Il est évident que si nous recevions un message nous ne saurions pas immédiatement de quel type de rationalité il procède. Il n'est pas garanti que nous puissions le décoder. Un nouveau domaine de la science consacré au déchiffrage des signaux venus de l'espace s'ouvrira. Car si nous recevons un premier signal, il est à parier que les autres ne tarderont pas.

— *L'exemple de Jean-François Champollion nous sera peut être alors d'un grand secours !*

J. H. — Pourquoi pas ? Aux radioastronomes se joindront alors des sociologues, des philosophes, des biologistes, des linguistes, etc. Tout cela exigera des budgets supplémentaires. Il est peu probable que nous obtenions des résultats immédiats. Les Américains ont imaginé d'adresser un message par l'intermédiaire du radiotélescope d'Arecibo. Mais un message en ondes radio est un faisceau. Dans quelle direction l'envoyer ? A qui l'adresser ? Les astronomes ont finalement choisi un amas globulaire constitué de centaines de milliers d'étoiles à une distance de treize mille années-lumière. La densité d'étoiles est telle, dans un amas globulaire, qu'on peut penser que le signal rencontrera dans sa course presque nécessairement une étoile intéressante. Mais, si le signal atteignait son but dans treize mille ans, il faudrait autant de temps pour que d'éventuelles créatures nous fassent parvenir une réponse. Dans vingt-six mille ans, à quoi ressembleront les sénateurs américains ? Le but de la manœuvre était plutôt de prouver à la communauté internationale que les humains étaient maintenant capables d'envoyer des signaux.

— *Le message que nous recevrons émanera peut-être aussi d'une civilisation qui aura disparu entre-temps...*

J. H. — Cela n'a pas d'importance pour nous. Si les politiciens se placent à une échelle de temps qui ne dépasse guère l'échéance des prochaines élections, notre discipline, elle, nous invite à regarder beaucoup plus loin vers l'avenir. Si nous recevons des signaux codés d'une planète située à mille années-lumière de la Terre, cela voudra dire que ce message a mis mille ans pour nous parvenir et que notre réponse mettra à nouveau mille ans pour atteindre son but. Ajoutez mille ans de plus pour être sûrs d'avoir été compris... Soit trois mille ans ! Pour mener une expérience comparable, il faut imaginer une civilisation sur Terre qui durerait aussi longtemps.

— *Les exemples sont assez rares.*

J. H. — La civilisation égyptienne a bien duré trois mille ans, la chinoise n'est pas encore éteinte, loin de là. Quant à celle qui a produit les peintures rupestres, elle s'est déployée sur vingt ou trente mille ans. *Homo erectus* a fait plus fort encore : il a taillé des bifaces magnifiques pendant un million d'années ! Imaginez qu'on fabrique des 2 CV pendant un million d'années ! C'est extraordinaire d'imaginer des créatures ayant inventé une technologie intelligente, adaptée à leurs besoins, qu'elles se transmettraient de génération en génération pendant un million d'années !

— *Et si, sur cette planète lointaine, l'évolution s'était arrêtée au stade d'*Homo erectus *? Si les seuls signaux qu'ils pouvaient nous adresser étaient des signaux de fumée ?*

J. H. — Alors nous ne les détecterions pas.

— *Nos astronautes débarqueront peut-être demain sur une planète où des primitif seront assis autour d'un feu de camp...*

J. H. — Le film de Stanley Kubrick, *2001 : l'Odyssée de l'espace*, commence comme cela. On ne pourra pas détecter la présence de ces êtres — même si, en taillant leurs silex, ils produisent des étincelles qui sont autant de signaux partis à travers l'espace... Mais cela serait tout de même insuffisant.

— *Votre modèle de recherche présuppose que toute civilisation est tournée vers le progrès technologique, ce qui n'est pas forcément le cas.*

J. H. — Ce que nous cherchons, ce sont seulement des technologies plus avancées que la nôtre. Il n'y a aucune chance qu'elles soient au même niveau. Les civilisations seront ou bien inférieures à la nôtre, sur le plan technologique, cela va sans dire, ou bien supérieures. En disant inférieur et supérieur, je ne porte aucun jugement de valeur, car *Homo erectus* avait probablement une vie agréable...

— *Il était moins stressé !*

J. H. — C'est certain ! Mais ce que nous cherchons, ce sont des gens technologiquement plus avancés. Un million plutôt que dix fois plus. Lorsque nous recevrons un message, nous apprendrons aussitôt une somme d'informations considérable sur leur civilisation. Sur ce point, nous avons la preuve de ce que nous avançons car nous avons déjà analysé les ondes radio émises par la Terre et réfléchies par la Lune. C'est véritablement très instructif !

— *Qu'avez-vous découvert ?*

J. H. — Il y a d'abord trois bouffées générales, toutes les vingt-quatre heures, d'émissions en ondes métriques correspondant à l'activité télévisuelle maximale au Japon, en Europe et aux Etats-Unis. En mesurant les fréquences de ces ondes par effet Doppler, on constate des variations de trois cents mètres par seconde en vingt-quatre heures, ce qui nous permet de calculer la vitesse de rotation et le diamètre de la Terre. Si cette observation se poursuit une année, on peut calculer la vitesse de circulation de la Terre autour du Soleil et la distance qui les sépare, soit cent cinquante millions de kilomètres. A une telle distance, la Terre doit avoir une température comparable à celle où l'eau peut se maintenir sous forme liquide, et, s'il y a de l'eau liquide, il y a peut-être de la vie biologique... Donc, une fois ces signaux captés, nous sommes capables d'obtenir des informations précises et d'en tirer un enseignement précieux.

— *Au fond, vous travaillez un peu comme les paléontologues lorsqu'ils découvrent une mâchoire.*

J. H. — Voire une dent !

— *Et cette recherche va aussi nous apprendre quelque chose sur nous-mêmes...*

J. H. — Comme toute recherche fondamentale. Mais il faut du temps pour en assimiler les résultats. Je cite toujours les inventions de Volta, le fameux inventeur de la pile qui porte son nom... Nous commençons à peine à en prendre toute la mesure. Sans compter les découvertes qui se sont perdues. Bien avant Galilée, Eratosthène, au IIIe siècle av. J.-C., savait que le Soleil ne tournait pas autour de la Terre. Puis tout s'est perdu pendant plusieurs siècles.

L'HUMANITÉ GALACTIQUE

— *Vous avez établi dans vos ouvrages une distinction entre intelligence et conscience. Vous dites qu'on pourrait trouver des intelligences qui seraient non conscientes. Pouvez-vous vous expliquer sur ce point ?*

J. H. — Encore une fois, je ne suis pas le mieux placé pour apprécier ces catégories. Mon impression est simplement que la conscience est une conséquence de l'intelligence parvenue à un certain niveau de développement. Je ne parle pas ici d'âme surajoutée, cela va sans dire. Il me semble néanmoins que toute approche anthropomorphique du problème de la vie extraterrestre conduit inévitablement à des impasses.

— *Vous pensez peut-être à la manière dont le cinéma aborde ces sujets ?*

J. H. — Pourquoi prendre les gens pour des imbéciles ? Il n'y a par exemple aucune raison pour que E.T., le personnage du film de Spielberg, ressemble aux anthropoïdes que nous sommes. Je ne connais rien de plus efficace pour abrutir une salle de cinéma que de projeter notre « humanitude » jusqu'aux confins de l'Univers.

— *La recherche SETI implique donc un sens particulièrement développé de l'autre ?*

J. H. — Il ne faut pas céder en effet à ces peurs irrationnelles qui s'apparentent à la peur de l'étranger, à la peur de l'autre. Vous me direz que cette attitude est innée. C'est sans doute vrai. Les pré-humains cherchaient déjà à protéger leur capital génétique en repoussant les inconnus. Chercher ce qui nous ressemble ne mène à rien. Ce fut probablement l'intuition d'un jeune scientifique soviétique qui proposa, voilà trente ans, de classer les civilisations extraterrestres en fonction de la quantité d'énergie qu'elles manipulaient. Nicolaï Kardashev, en 1964, imagina que les civilisations de type 1 seraient capables de maîtriser l'énergie émise par une étoile semblable à notre Soleil et reçue par leur planète. La civilisation terrestre pourra répondre à cette définition dans une centaine d'années. Les civilisations de type 2 contrôleraient l'énergie entière de leur « Soleil », ce qui représente une énergie des milliers de milliards de fois supérieure à celle que nous utilisons.

— *Et comment faire pour ne pas laisser se perdre quelques rayons de ce « Soleil » dans l'espace ?*

J. H. — Un scientifique, Freeman Dyson, avait imaginé une construction qui engloberait entièrement l'étoile centrale dans un rayon équivalent à la distance qui sépare le Soleil de la Terre.

— *Il serait impossible de ne pas détecter une construction* de *cette importance si elle existait, non ?*

J. H. — Un Japonais, Jun Jugaku, œuvrant aux destinées de SETI, a analysé les sources d'émissions infrarouges transmises par le satellite IRAS (*Infra-Red Astronomy Satellite*). Son intention était d'établir que certaines d'entre elles proviendraient de ces civilisations de type 2. Il a proposé une petite demi-douzaine de candidats mais sans apporter véritablement la preuve scientifique de ce qu'il avançait.

— *Comment Dyson avait-il imaginé concrètement de retenir toute l'énergie solaire ?*

J. H. — Imaginez que l'orbite terrestre soit encombrée au point qu'on puisse relier les satellites entre eux et former une structure rigide. Munie de capteurs solaires, cette ceinture permettrait de tirer un bien meilleur parti de notre étoile. La sphère de Dyson fonctionnait à partir d'un tel schéma.

— *Les astronomes pensent-ils que l'humanité atteindra un jour ce niveau de civilisation ?*

J. H. — Si nous ne nous autodétruisons pas avant, oui. Je vois cependant deux conditions pour que nous y parvenions. Il faut d'abord que le niveau économique général soit suffisant pour permettre de tels investissements. Il faut ensuite que le niveau culturel ait suivi la même évolution. Lorsqu'on voit la situation où végètent certaines populations, on peut se montrer pessimiste. Il n'est pas totalement absurde d'envisager que la culture puisse disparaître, ce qu'elle a déjà fait en certains lieux.

— *Quel est le type 3 ?*

J. H. — Les civilisations de type 3 seraient capables d'utiliser l'énergie de toute leur galaxie. Si une telle civilisation existait dans la galaxie Andromède, située à trois millions d'années-lumière, nos radiotélescopes pourraient capter des signaux provenant de cent milliards d'étoiles ! Difficile, dans ces conditions, de passer inaperçu.

— *Et si nous sommes seuls dans l'Univers ?*

J. H. — Si, après avoir ratissé au peigne fin toutes les régions du ciel durant des dizaines d'années, nous en concluons que nous sommes seuls dans l'Univers, nous éprouverons ce que j'ai appelé la « trouille cosmique ». Notre responsabilité ne sera-t-elle pas de protéger, alors, et par tous les moyens, ce qui nous aura été donné de posséder en propre, c'est-à-dire l'intelligence ? Pourrons-nous conserver la même attitude suicidaire si nous avons la preuve que notre disparition équivaudrait à souffler la dernière bougie dans le noir ? Naturellement, la disparition de l'espèce humaine n'empêcherait pas qu'une autre espèce se trouve soudain propulsée sur la Terre au sommet de l'évolution. On a pu penser que certains dinosaures, comme le *Stenonikosaurus inequalis,* possédaient une aptitude à l'intelligence...

— *C'est-à-dire ?*

J. H. — Une aptitude, seulement, fondée sur trois traits essentiels : deux grands yeux bien orientés pour posséder une vision stéréoscopique permettant d'appréhender son environnement ; un cerveau relativement grand pour sa taille (de un à deux mètres), assurant le traitement efficace de l'information ; les deux pattes de devant libres, avec des doigts déliés permettant de manipuler son entourage. Ce sont ces caractéristiques qui ont permis à *Homo erectus* de mener son aventure. Mais la chute d'un astéroïde, il y a soixante-cinq millions d'années a mis fin brutalement aux dinosaures et laissé le champ libre aux mammifères.

— *Est-on sûr, aujourd'hui, de ce scénario ?*

J. H. — A peu près. On a fini par découvrir un cratère de deux cents kilomètres de diamètre dans le nord de la péninsule du Yucatan, dont la moitié était sous l'eau, et des traces d'iridium, inconnu sur la Terre. Des fragments éjectés lors du choc ont même été retrouvés au Canada. L'analyse des cristaux dans ces roches rend compte d'un véritable cataclysme dans la période qui nous intéresse. L'impact de l'astéroïde a pu entraîner une perturbation générale des climats consécutive à la présence de poussière saturant l'atmosphère et interdisant aux plantes un libre accès à la photosynthèse. Privés de végétaux, les dinosaures, végétariens pour la plupart, sont peut-être morts de faim. C'est un scénario possible. L'autre scénario privilégie une gigantesque activité volcanique qui aurait amené, de la même manière, un changement climatique préjudiciable aux espèces et particulièrement aux grands dinosaures.

— *Vous pensez que l'intelligence se développe dès lors que les conditions sont favorables ?*

J. H. — Oui. Et l'extinction des dinosaures n'a pas constitué la seule épreuve que la vie ait dû affronter sur Terre. Il y a deux cent vingt millions d'années, 95 % des espèces vivantes auraient disparu. Il n'est pas fait ici allusion à une catastrophe cosmique. Ce serait la Pangée, ce continent unique, qui se serait séparé en deux, causant de très graves bouleversements. Mais la liste des catastrophes ne s'arrête pas là.

— *Il ne faudrait pas nous décourager, tout de même !*

J. H. — Je suis désolé de vous dire que la prochaine catastrophe n'interviendra pas dans vingt ou cent millions d'années, mais dans cent ans ou mille ans. Et il ne s'agit pas de « prophéties », mais de probabilités !

— *Vous voulez parler de catastrophe nucléaire ?*

J. H. — Nucléaire, effet de serre, pollutions de toute nature, génocides, etc. Les menaces ne manquent pas.

— *L'intelligence aurait donc produit les conditions de sa propre disparition...*

J. H. — D'un autre côté, elle a créé les conditions de sa survie et de son développement. Dans l'absolu, il n'est pas préjudiciable que l'espèce humaine disparaisse puisqu'on sait qu'elle sera remplacée. Cloportes, scorpions ou autres reprendront le dessus.

— *Pourquoi dites-vous cela ?*

J. H. — Pour que les gens aient la trouille pendant qu'il en est encore temps. Ces sales bêtes nous succèdent — peut-être pas plus sales bêtes que nous, d'ailleurs ; avouez que cette perspective a de quoi nous terrifier et nous désoler !

— *Le naturaliste Théodore Monod pense que l'espèce humaine a peu de chances de s'en sortir. Il imagine que les céphalopodes, comme le poulpe et le calmar, sortiront demain de l'eau et prendront notre place.*

J. H. — Personne ne mesure exactement les dangers que nous courons. Quel gâchis ce serait, tout de même, si cette aventure s'arrêtait ! L'homme est le seul animal doué d'intelligence... qui ne soit pas capable d'utiliser son intelligence avec intelligence.

QUELQUES OBJECTIONS

— *Vous sembliez vous plaindre tout à l'heure que la Nasa ait cessé de soutenir SETI. N'est-ce pas pour vous une sorte de désaveu ?*

J. H. — En interdisant à la Nasa de soutenir plus longtemps nos projets, le Congrès a condamné le SETI Institute américain à faire appel à des dons privés. Il est certain que le Congrès a fait une erreur culturelle considérable. J'ai appris depuis que la Nasa relevait de la même ligne budgétaire que le logement urbain et les anciens combattants ! Logements insalubres, combattants du Vietnam et conquête de l'espace se trouvent ainsi chaque année au coude à coude. Que voulez-vous répondre à celui qui vous dit : « Pourquoi financer des programmes de voyages dans l'espace tellement coûteux alors que des gens n'ont pas de quoi se loger sur Terre ? » C'est imparable.

— *Quelle est l'attitude de la France ?*

J. H. — Il y a quarante ans que les Etats-Unis ont procédé à la première écoute, et cela fait quarante ans que la France refuse de soutenir officiellement cette entreprise. Et pas seulement la France ! L'attitude des Etats-Unis prouve que nous sommes toujours à la merci d'un revirement de l'opinion.

— Vous avez pourtant consacré une grande partie de votre vie à écouter le ciel.

J. H. — Eh oui ! Le grand radiotélescope de Nancay que vous avez visité est consacré à bien des domaines de l'astrophysique ; il a d'ailleurs été construit pour l'étude des galaxies et non pour recevoir un message en provenance d'une civilisation extraterrestre. Mais il est cocasse de rappeler la célèbre question que le président Charles de Gaulle nous a posée dès son inauguration en 1965 : « Dites-moi, avec votre grand machin, pouvez-vous me dire s'il est vrai que les Russes ont découvert des signaux radio extraterrestres ? » La recherche SETI dans le monde est menée dans le cadre d'universités et surtout grâce à des dons privés.

— Pourquoi ?

J. H. — De riches et généreux mécènes Américains espèrent peut-être qu'on baptisera demain un cratère sur Mars, un nouveau télescope ou une galaxie de leur nom. C'est à eux qu'il faudra aussi demander de financer l'entretien du radiotélescope de Nançay, qui en a un urgent besoin. Mais il est un fait que la Nasa, avant de se retirer de SETI, a fait faire un bond à la recherche sur l'existence d'une vie extraterrestre. Avant que les crédits ne soient coupés en 1993, douze millions de dollars étaient ainsi alloués chaque année à SETI !

— Les Américains reprochaient-ils à SETI un manque de résultats ?

J. H. — Il va de soi que SETI recouvre un ensemble de programmes de recherches fondamentales qui, dans un premier temps peut-être, n'apportent pas de nouvelles sensationnelles. Mais la recherche d'Alessandro Volta en 1800 sur les piles était de même nature, et personne ne peut plus aujourd'hui se passer d'électricité.

— *Il est indéniable que depuis Gagarine (1961) et Armstrong (1969), les Etats modernes ont une « conscience astronomique », condition nécessaire à la définition de programmes de recherches, d'investissements, etc.*

J. H. — Pendant toute cette période, la compétition pour la conquête du ciel a eu partie liée avec le prestige national et cela a servi la recherche. L'Etat français était fier de posséder à Nançay le plus grand radiotélescope du monde, cela va sans dire. L'arrivée des Américains sur la Lune s'est inscrite, quant à elle, dans un contexte de guerre froide, et le premier pas d'Armstrong symbolisa en réalité la victoire du monde occidental sur le bloc communiste. Mais le monde a changé, les Etats cherchent de nouvelles motivations pour financer de coûteux programmes de recherches. N'oublions pas que les télescopes Hubble et Chandra (ce dernier sert à capter les rayons X et vient d'être lancé) ont coûté de deux à trois milliards de dollars chacun !

— *Ne peut-on compter sur un changement de mentalité, ou de stratégie, pour renouer avec une recherche plus ambitieuse ?*

J. H. — Construirait-on aujourd'hui l'équivalent de la grande lunette de l'observatoire de Meudon, inaugurée il y a cent ans, et qui avait dû coûter une fortune à la nation ? Je ne crois pas. Pour en revenir à SETI, le soutien de la Nasa a déclenché de nouvelles vocations chez les chercheurs du monde entier. Nous avions, mon collègue François Birauld et moi-même, cherché à impliquer le centre de Nançay dans cette aventure, à favoriser une étroite collaboration avec les Californiens, les Italiens de Bologne, particulièrement actifs dans ce domaine, ou les Australiens, mais on nous a ri au nez. La France s'est donc mise au ban de cette recherche internationale tandis que le SETI Institute de Californie s'associait avec le groupe qui s'est formé autour du radiotélescope de Parkes, en Australie. Résultat : en tant qu'observatoire national, le centre de Nançay est aujourd'hui menacé de fermeture. Même chose pour trois autres observatoires nationaux : le pic du Midi, l'observatoire de Haute-Provence où, pas de géant pour l'humanité, la première planète tournant autour d'une étoile, baptisée 51 Pégase et ressemblant en tous points à notre Soleil, a été récemment découverte ; Cerga, enfin, près de Grasse, avec son excellent télescope de Schmidt.

— *Pourquoi sont-ils tous dans le Midi ?*

J. H. — A cause du climat.

— *Pourquoi veut-on les fermer ?*

J. H. — Pour pouvoir financer le *Very Large Telescope,* le fameux VLT que les Européens construisent au Chili. Il s'agit de quatre télescopes de huit mètres de diamètre, couplés ensemble pour simuler un télescope de seize mètres de diamètre. Projet ambitieux et louable, bien entendu, mais qui ne justifie pas la fermeture de quatre observatoires nationaux qui fonctionnent bien. Je ne suis pas dans l'administration et je ne peux donc savoir si la décision de maintenir ces quatre observatoires en plus du VLT est financièrement raisonnable. En l'absence de démonstration convaincante, je continue à penser que c'est une erreur de les fermer. D'abord parce que les observatoires serviront toujours à mettre au point des instruments de recherche qui faciliteront le travail des astronomes du VLT. Ensuite parce qu'ils constituent des centres de formation pour les chercheurs. Il suffirait d'ailleurs que les Allemands se retirent de ce projet au Chili pour que les Européens y renoncent à leur tour : la France ne disposerait plus alors ni du VLT ni de ses observatoires nationaux. Nous serions bien avancés !

— *Cette défection de la France, ce retrait de la Nasa ne vous ont pourtant pas empêché de travailler ?*

J. H. — Heureusement, les radioastronomes trouvent des soutiens privés ou universitaires pour pallier les manques institutionnels. Voici trois mois, le SETI Institute s'est associé au laboratoire d'électronique de l'université de Berkeley pour étudier le projet d'un radiotélescope uniquement voué à SETI. Imaginez un radiotélescope d'un hectare de surface complète, un record, constitué de mille paraboles de deux mètres cinquante de diamètre, semblables à celles qu'on trouve dans le commerce, et couplées par ordinateur les unes avec les autres, en sorte que l'ensemble, par interférométrie, pourra viser simultanément cent directions différentes du ciel ! Du point de vue électronique, c'est un vrai casse-tête. Mais le laboratoire de l'université de Berkeley est un des mieux placés pour réussir ce pari. Le projet devrait aboutir dans les cinq prochaines années. D'ici là, peut-être aura-t-on découvert une planète abritant des formes de vie.

— *Qui est à l'origine de ce projet ?*

J. H. — L'Américaine Jill Tarter, qui, depuis des années, porte SETI à bout de bras. C'est une femme et une scientifique exceptionnelle. C'est d'elle que Jodie Foster s'est inspirée pour réaliser *Contact.* Il y a certainement des invraisemblances dans ce film, des erreurs scientifiques, mais l'intention était louable. Même si la fin est un peu grotesque...

— *L'astronomie est une discipline qui ignore les frontières...*

J. H. — La présence de télescopes aux quatre coins de la planète nous oblige évidemment à voyager sans nous soucier de savoir à qui appartiendront les découvertes que nous ferons. Elles seront la propriété de l'humanité tout entière. Sans rien dire des congrès qui nous amènent à nous rencontrer en différents lieux, à éprouver et à élargir nos réflexions, nos intuitions.

— *La recherche ne progresse-t-elle pas en même temps que le doute ?*

J. H. — Plus les années passent et plus nous sommes en droit de nous demander si nous ne sommes pas seuls dans l'Univers... C'est vrai d'un côté, mais, de l'autre, il faut rappeler que la recherche ne fait que commencer. La découverte récente de nouvelles planètes en dehors du système solaire a ouvert, nous le disions tout à l'heure, des perspectives extraordinaires.

— *Et si la réponse intervenait dans dix mille ans ?*

J. H. — C'est une éventualité. Dans ce cas, SETI et ceux qui ont initié cette aventure feraient figure de pionniers.

— *Pensez-vous que l'humanité dans son ensemble soit aujourd'hui préoccupée par votre recherche ?*

J. H. — Elle l'est de bien des manières, et le succès de certains films qui mettent en scène des créatures venues de l'espace en témoigne. Mais, en même temps, les études que nous avons faites pour savoir comment les humains accueilleraient la nouvelle de l'existence d'une civilisation extraterrestre révèlent que trois mois plus tard, ils n'y penseraient même plus.

— *La presse vendra beaucoup de journaux pendant un mois ou deux puis reviendra à ses obsessions...*

J. H. — Il est évident que la nouvelle de l'existence d'une civilisation extraterrestre ne signifiera pas que ces êtres viendront demain nous rendre visite. Les Terriens seront déçus ! Cela ne nous empêchera évidemment pas de chercher à entrer en communication avec « eux ».

— *Compte tenu du nombre d'étoiles présentes dans notre Galaxie et dans les autres, la probabilité de recevoir un message est très grande ; or, vous n'avez encore rien reçu.*

J. H. — C'est le physicien italien Enrico Fermi qui, le premier, a fait cette remarque. En fait, le nombre probable des planètes dans l'Univers qui auraient pu être « colonisées » ne nous permet pas de supposer qu'il existe ou qu'il ait existé sur chacune d'elles une civilisation comparable à la nôtre. Des études informatiques très poussées ont même établi le contraire. Les chances pour que nous trouvions des traces de vie sur l'un de ces astres innombrables est infime.

Ce n'est évidemment pas une raison pour se croiser les bras. La technologie double d'efficacité tous les huit mois, et, dans ces conditions, il est difficile de ne pas imaginer que nous capterons demain un message. Je dis « capter » plutôt que « recevoir », qui implique que des êtres intelligents auraient le désir de communiquer avec nous, ce qui laisse entendre que nous les intéresserions. Ce que nous sommes ne présente peut-être pas beaucoup d'intérêt pour des créatures qui seraient parvenues à un stade de développement technologique dont nous n'avons même pas idée. Un *setiman* australien a même estimé que les E.T. que nous découvririons seraient en moyenne deux milliards d'années plus anciens que nous ! Nous avons beaucoup plus de chances, je vous l'ai dit, de capter des fuites astro-technologiques qu'un message qui nous serait spécialement adressé.

— *Vous pensez donc que nous capterons tôt ou tard un signal ?*

J. H. — C'est un sentiment que les chercheurs de SETI partagent. Les moyens mis à la disposition des astronomes étant plus importants qu'autrefois, on peut légitimement espérer des résultats dans un délai raisonnable. La probabilité de trouver des planètes légères comme la Terre ne peut plus être contestée.

— *La Terre est une planète légère ?*

J. H. — Comparée à Jupiter, elle l'est ! Tout ce que nous avons pu découvrir à ce jour, ce sont des planètes lourdes où la vie ne peut pas exister. Pourquoi n'avons-nous pas repéré ces planètes légères ? Parce que notre technologie n'est pas encore assez performante dans ce domaine.

— *Avez-vous détecté, d'une manière ou d'une autre, des traces de vie dans l'Univers ?*

J. H. — Nous savons qu'il existe environ cent vingt sortes différentes de molécules organiques simples dans l'espace interstellaire. Nous avons même détecté la présence de molécules dotées d'une structure déjà complexe formée d'une quinzaine d'atomes. Nous avons la preuve aussi que l'eau est présente sur certaines planètes et vous n'ignorez pas que c'est l'élément fondamental pour le développement de la vie telle qu'on la connaît sur Terre. Nous savons par exemple qu'il y a eu de l'eau sur Mars au cours de son premier milliard d'années d'existence, et non seulement de l'eau, mais peut-être un océan sur la partie nord de la planète. Notre attention se porte aujourd'hui sur Europe, le satellite de Jupiter.

— *Pourquoi Europe ?*

J. H. — Nous sommes pratiquement sûrs que ce satellite, qui a les dimensions de la Lune, est entièrement recouvert d'une croûte de glace.

— *Votre recherche prend-elle en considération les objets volants non identifiés, autrement dit les fameux ovnis ?*

J. H. — Cela fait des années que je m'exprime, que je publie des articles dans des revues spécialisées, mais également destinées au grand public, pour expliquer ce qu'est SETI, ce que sont mes recherches, et je n'ai jamais refusé de communiquer là-dessus. Il me semble même que c'est l'un des devoirs des scientifiques que de rendre compte aux contribuables de la manière dont on a utilisé leurs impôts. Mais, lorsqu'on me convoque pour me faire parler des ovnis, et c'est arrivé quelquefois, je préfère refuser. La dernière fois que je me suis laissé piéger, c'était lors d'une émission de télévision. La présentatrice n'a pas tenu compte de nos accords et j'ai dû quitter le plateau en direct. Sur le sujet des ovnis, vous ne trouverez pas en moi un astronome très loquace.

— *Il est donc possible aujourd'hui d'aborder la question des extraterrestres sans parler des ovnis ?*

J. H. — C'est une nécessité. Il n'existe aucun cas d'ovni à ce jour qui soit suffisamment bien étayé pour attester scientifiquement que cet objet provient d'une civilisation extraterrestre. Je ne dis pas que nous ne puissions pas, demain, recueillir un témoignage incontestable, mais cela ne s'est encore jamais produit.

— *N'y a-t-il pas des préjugés chez les astronomes, qui les conduiraient à se détourner de ces phénomènes ?*

J. H. — Ne croyez pas cela. Je connais des astronomes qui se passionnent pour ces questions et qui me reprochent même de ne pas m'en occuper. Je crois pour ma part que les ovnis font partie, avec d'autres histoires merveilleuses, de l'arsenal des gouvernants pour désinformer et continuer à faire rêver le grand public. C'est une manière d'empêcher les citoyens de raisonner intelligemment.

— *Mais à quoi correspond, à votre avis, ce désir de voir voler dans le ciel un objet non identifié ?*

J. H. — Je ne suis évidemment pas contre le fait qu'on s'intéresse à la question de l'existence de civilisations extra-terrestres, vous le pensez bien ! Mais pourquoi choisir une piste bidon ? Il se trouve que la confusion est encore savamment entretenue entre les phénomènes d'ovni et la recherche de SETI. J'ai souvenir que les représentants américains ont même refusé de voter un budget de six millions de dollars pour SETI en avançant que l'Amérique avait maintenant la preuve que les extraterrestres étaient déjà parmi nous !

— *Cette confusion vous a-t-elle fait beaucoup de tort ?*

J. H. — Enormément. Et ne croyez pas que les scientifiques que je fréquente ne s'amusent pas, eux aussi, à entretenir cette méprise. Je croise un jour un des responsables de Nançay à la cantine qui m'apprend que les crédits alloués à SETI sont coupés. « SETI, c'est fini, me dit-il. Ah ! les petits hommes verts ! » Des propos semblables dans la bouche d'un scientifique responsable de l'un des principaux centres de radioastronomie au monde : non, ce n'est pas acceptable ! Notez que le cas des ovnis n'est pas isolé, et les occasions de désinformer le public sont nombreuses. Regardez comment une partie de l'Amérique s'entiche aujourd'hui de cette théorie du créationnisme qui, d'un point de vue scientifique, ne vaut rien...

— *Que cherchons-nous à travers les ovnis, à travers les extraterrestres ?*

J. H. — Je ne suis ni sociologue ni psychiatre, mais astronome. Interrogez plutôt mon collègue Pierre Lagrange, professeur à l'Ecole nationale des mines, qui, lui, s'intéresse à la dimension sociologique du phénomène ovni. Il vous dira que cette curiosité correspond à un désir profond de l'humanité. En tant que scientifique, même s'il n'existe qu'un seul autre cas de planète sur laquelle la vie est parvenue à se développer, je me dois de la chercher.

LES POLLUTIONS RADIO

— *Vous racontez dans* Intelligences extra-terrestres *comment vous avez cru capter une fois un message. Dans quelles circonstances cela s'est-il passé ?*

J. H. — J'observais à l'époque des galaxies « à grumeaux » avec le VLA, le *Very Large Array,* au Nouveau-Mexique. Mon aventure SETI n'avait pas encore commencé. Je captais des ondes radio en provenance de ces galaxies lointaines et j'établissais des cartes qui me fournissaient de nombreux renseignements. Et puis, un jour, une carte a signalé une source radio inconnue. Une fois juxtaposée avec les images photographiques de cette partie de ciel dont je disposais, ma carte révéla que la source détectée coïncidait avec une étoile de type solaire. Je multipliai alors les observations et ma découverte sembla se confirmer. L'avis de mes collègues fut en revanche fort réservé : « Une étoile de type solaire qui émet des ondes radio, c'est bizarre », me dit l'un. « Ne disposez-vous pas d'observations plus anciennes ? » me demanda l'autre. De fil en aiguille, et malgré ce manque d'enthousiasme, j'en suis venu à me dire que cette source radio pouvait être artificielle. Connaissant la distance de l'étoile et la puissance reçue en ondes radio, on pouvait en déduire que ceux qui nous avaient éventuellement adressé ce signal disposaient d'un radiotélescope de trois cents millions de kilomètres de diamètre !

— *Pour émettre l'équivalent de ce que vous avez reçu ?*

J. H. — C'est cela. Sans doute pouvait-on imaginer un engin de cette taille, mais, tout de même, j'ai pensé que mon hypothèse était un peu tirée par les cheveux. Il me fallait donc des observations supplémentaires pour savoir si je n'étais pas sur une fausse piste. Mais, pour observer avec de grands instruments, il faut soumettre un projet à un comité des programmes qui se prononce sur l'intérêt de votre dossier. Je ne me voyais pas présenter un projet laissant entendre que j'avais reçu un signal extraterrestre. Personne ne m'aurait pris au sérieux : j'aurais été viré.

— *Comment vous y êtes-vous pris, alors ?*

J. H. — Cela faisait déjà plusieurs années que j'avais capté ce signal et je pensais que si je n'agissais pas vite le signal s'arrêterait et j'aurais fait perdre à l'humanité, par ma faute, l'occasion d'analyser un message extraterrestre. J'ai donc pensé que le mieux était d'écrire à une douzaine de collègues qui suivaient mes recherches sur les galaxies à grumeaux, notamment le directeur du VLA grâce auquel j'avais obtenu mes premiers résultats et que je comptais à nouveau mettre à contribution. Il se trouve qu'il a accepté de me venir en aide et de vérifier toutes les indications que j'avais données sur la localisation du signal. A la vérité, il s'est avéré que l'étoile n'était pas parfaitement positionnée au centre de l'émission radio ! Il s'agissait d'un alignement fortuit : une étoile dans notre Galaxie s'était trouvée presque dans l'axe précis d'une lointaine galaxie d'où le rayonnement était parti — galaxie située à des milliards d'années-lumière de la nôtre. J'ai donc décidé de laisser tomber.

— *Ce fut une grande déception ?*

J. H. — Evidemment. Si la nature artificielle du message avait pu être établie, nul doute qu'on m'aurait donné le prix Nobel. Mais on aurait tout aussi bien pu m'assassiner. Je l'avais annoncé un peu plus tôt à un collègue, en Hollande, alors que nous nous rendions à un congrès. Je me souviens qu'il pleuvait ce jour-là et que je me suis assis à côté de lui dans l'autobus en lui disant : « Il me semble que j'ai un signal radio provenant d'une étoile de type solaire. » Il a bondi de son siège, mais je lui ai dit que je ne pouvais pas encore en parler parce que je n'étais pas encore tout à fait sûr de moi. Je revois encore son visage animé ! Ce fut un bon moment.

— *Il devait être surpris !*

J. H. — Je crois qu'il était tout disposé, lui, à me croire. Si nous découvrons aujourd'hui un signal, cette découverte ne sera pas le fait d'un astronome mais d'un superordinateur. Le système *SETI at home* fonctionne par exemple avec des volontaires qui ont accepté de mettre leurs ordinateurs à notre disposition durant les moments où ils ne s'en servent pas.

Les partenaires de SETI reçoivent par Internet une partie des données obtenues à Arecibo ainsi que le programme nécessaire pour une analyse automatique des signaux. Une fois analysés, les résultats sont transmis sous forme codée, pour éviter les piratages, vers le superordinateur d'Arecibo. Près d'un million de volontaires ont accepté de participer à l'aventure. Ils ont fait à ce jour l'équivalent de cinquante mille ans de dépouillement d'analyses avec ce seul système. Tout cela, en fait, pour se débarrasser des parasites radio.

— *Pourquoi cet engouement ? Parce que chacun espère que ce sera son ordinateur qui captera le signal ?*

J. H. — Probablement. Et, lorsque le signal ne vient pas, ils se découragent vite... Mais la majorité persiste, et cela finit par former un superordinateur à l'échelle de toute la planète. Un beau pied de nez à la démission du Congrès américain !

— *Vous attendez que les Etats soutiennent SETI, et en même temps vous dites que les nuisances radio sont telles qu'on ne peut déjà plus rien entendre...*

J. H. — Nous sommes environnés en effet par un nombre de plus en plus grand de satellites en orbite qui dirigent des ondes radio vers le sol. Avec votre portable, vous envoyez votre signal radio vers les satellites afin qu'ils l'amplifient, le transmettent à d'autres satellites qui le renverront au sol à votre correspondant à l'autre bout de la Terre. Cela finit par constituer une véritable barrière radio autour de la Terre. Avez-vous essayé de regarder les étoiles en plein jour ? C'est très difficile. Vous ne pourrez plus capter non plus un signal venu de l'espace à travers cet écran parasite. Comprenez que si vous laissiez tomber votre portable sur la Lune, malgré sa faible puissance, cela constituerait une radio-source de première catégorie comme on n'en connaît pas dans l'Univers. Et, pourtant, la Lune n'est distante de la Terre que de quatre cent mille kilomètres et votre portable émet seulement un watt ou deux alors que les satellites émettent des kilowatts et ne sont qu'à dix mille kilomètres de nous ! Notre écoute est donc totalement perturbée par la présence de ces satellites dont le nombre ne cesse de grandir. Il est même question d'envoyer prochainement quatre-vingts satellites dans l'espace (en plus de la série Iridium) chargés de former un réseau continu autour de notre planète, et bien d'autres encore. De cette manière, vous aurez toujours au-dessus de votre tête deux ou trois satellites. Les télécommunications s'en trouveront nettement améliorées. Pour les radioastronomes, ce sera le trou noir !

— *La Terre n'est plus un lieu d'observation idéal...*

J. H. — Plus du tout. La radioastronomie sera rendue bientôt impossible sur Terre du fait du trop grand nombre de satellites circulant dans l'espace circumterrestre. L'humanité devenue aveugle ne pourra étudier ou regarder l'Univers en ondes radio. Cela fait penser à la catastrophe des dinosaures. Leur ciel s'est obscurci : les éruptions de poussière consécutives à la chute de l'astéroïde ont empêché la lumière solaire d'arriver jusqu'au sol. Les plantes ont alors disparu.

— *Est-ce que les satellites en orbite se placent sur une trajectoire particulière, ou bien y en a-t-il partout ?*

J. H. — Absolument partout.

— *Et ils ne se percutent pas ?*

J. H. — Les orbites sont calculées pour qu'ils ne se rencontrent pas. Mais le cas se produira certainement.

— *On a donc déjà envoyé tant de satellites dans l'espace ?*

J. H. — Il y a mille tirs de fusées par an. J'allais dire que c'était de pis en pis, mais c'est simplement de mieux en mieux. Il s'agit tout de même d'un développement technologique important pour l'humanité.

— *Mais qui tire toutes ces fusées ?*

J. H. — Les Américains, les Russes, les Japonais, les Français, les Chinois... la Corée du Nord maintenant...

— *Pour éviter que ces satellites ne se rencontrent, il faut sans doute des accords internationaux rigoureux et précis ?*

J. H. — L'Union internationale des télécommunications se réunit tous les trois ans durant une semaine. Trois mille délégués se retrouvent complètement submergés et c'est celui qui arrive à ne pas s'endormir qui a le dernier mot et obtient les fréquences pour lui. C'est la guerre, la foire d'empoigne ! Et, sur les trois mille délégués, il n'y a que trente pauvres radioastronomes, sans moyens adéquats, bien incapables d'attirer l'attention de leur collègues sur les dangers liés à la saturation de notre espace circumterrestre... C'est abominable !

— *L'orbite géostationnaire représente une ceinture de quelle épaisseur ?*

J. H. — De dix mille à trente-six mille kilomètres d'altitude au-dessus du niveau de la mer. L'ère de la radioastronomie commencée voici cinquante ans, et qui nous a révélé le rayonnement fossile, les quasars, les pulsars, etc., est donc finie. Nous serons bientôt totalement aveugles et la recherche SETI marquera le pas. Voilà pourquoi je prêche pour que, dans dix ou vingt ans, nous disposions d'un endroit dans le Système solaire d'où nous puissions encore entendre le cosmos en ondes radio.

UN RADIOTÉLESCOPE SUR LA LUNE

— *C'est le moment de parler de votre observatoire lunaire.*

J. H. — La réalisation de ce projet suppose des investissements considérables, de l'ordre de ce que les Américains avaient dépensé pour les opérations Apollo. Nous étions alors en pleine guerre froide ! Or, je vous l'ai dit, la conquête de l'espace ne peut plus tirer avantage d'une compétition entre les Russes et les Américains.

— *En quoi consiste votre projet ?*

J. H. — Notre idée est de protéger, tant qu'il en est encore temps, la face cachée de la Lune. Il se trouve en effet que, de par sa position, les ondes émises par la Terre et ses satellites ne l'atteignent pas.

— *Elles passent au large ?*

J. H. — Exactement. Il y a bien de temps à autre une sonde planétaire qui se balade derrière la Lune, mais ces ondes radio ne sont pas fréquentes et peuvent être contrôlées.

— *Vous auriez donc besoin d'installer vos instruments sur cette partie cachée de la Lune ?*

J. H. — Il faudra procéder par étapes. Nous enverrons d'abord un radiotélescope expérimental afin de vérifier qu'il n'existe pas de source inconnue d'ondes radio susceptibles de perturber notre écoute. Si l'expérience est concluante, nous expédierons un radiotélescope dix fois plus grand. Et ainsi de suite. C'est une opération de longue haleine qui peut prendre une génération.

— *Qu'est-ce qui s'oppose à ce projet d'installation d'un radiotélescope sur la Lune ?*

J. H. — Les scientifiques et les radioastronomes notamment ne sont pas toujours très conscients des enjeux. Ceux qui observent le Soleil perçoivent des ondes radio si puissantes que la présence de parasites ne les gêne pas. Ce ne sont donc pas eux qui soutiendront notre projet. Ceux qui observent des galaxies ou des pulsars sont certainement très handicapés, mais espèrent qu'on trouvera bientôt une solution à leur problème. Pourtant, cette solution n'existe pas sur la Terre. La nuisance augmentant, ils seront bientôt totalement empêchés de poursuivre leur recherche. Je ne crois pas qu'ils soient tout à fait conscients du danger. La solution radicale est donc d'aller derrière la Lune, et j'insiste pour dire qu'il faut prendre immédiatement des mesures pour la protéger. Si nous attendons vingt ans sans rien faire, on risque de voir les industriels s'installer avant nous et se livrer à une gigantesque exploitation et pollution de la Lune.

— *Pour quelles raisons les industriels s'intéresseraient-ils à la Lune ?*

J. H. — Pour rendre leur réseau de télécommunication plus performant encore. Pour exploiter l'hélium-3 qui, dans un avenir lointain, pourrait nous fournir de l'énergie nucléaire plus propre. Pour chercher de l'eau...

— *Il y a de l'eau sur la Lune ?*

J. H. — Ce n'est pas encore prouvé, mais on envisage l'éventualité de l'existence de six kilomètres cubes d'eau sous forme de glace. Ce sera alors le bien foncier le plus cher que nous connaissions ! Imaginez ce que représenteraient six kilomètres cubes de glace lunaire ! Comment voulez-vous que les industriels passent à côté de cela !

— Mais que représentent six kilomètres cubes de glace ?

J. H. — Sur la Terre pas grand-chose, mais sur la Lune... Avec six kilomètres cubes, vous pouvez concevoir des bases permanentes, fabriquer des propergols pour les fusées, de l'oxygène, cultiver des plantes...

— Et la Nasa, a-t-elle abandonné ses projets d'envoyer à nouveau des hommes sur la Lune ?

J. H. — Il existe certainement des projets. Je sais qu'on parle d'installer un télescope optique qui, par définition, n'est pas gêné par les ondes radio. Mais il existera d'autres difficultés liées à la présence d'une poussière lunaire qui, paraît-il, est extrêmement collante. Vous avez certainement vu ces photos d'astronautes dont la combinaison est maculée de poussière lunaire ?

— Ces projets ne posent-ils pas des problèmes complexes au niveau du droit ?

J. H. — Les réponses sont variables. Il existe des scientifiques qui voudraient mettre en place un dispositif juridique pour sauvegarder la face cachée de la Lune. Il me semble qu'il ne faut pas exagérer nos revendications dans ce domaine, sous peine de ne rien obtenir du tout. Les astronomes ne jouent pas à armes égales avec les industriels. Le moindre satellite de communication représente des investissements de dizaines de milliards de dollars. La question que nous devons nous poser est de savoir ce que nous devons préserver sur la Lune pour nous permettre de poursuivre nos activités dans de bonnes conditions.

— *Quelles sont alors vos exigences ?*

J. H. — Il importe d'abord que la base soit installée au sol, et de préférence dans un cratère. Située derrière la Lune, elle doit cependant pouvoir rester en contact avec la Terre, ce qui signifie qu'elle doit se trouver en bordure de la face visible. Il se trouve que le cratère Saha — du nom d'un physicien du Bangladesh du début du siècle, Meghnad Saha (1893-1956) —, dans la zone équatoriale, correspond parfaitement à ce que nous recherchons.

— *A quoi ressemble votre cratère ?*

J. H. — Le cratère Saha est circulaire et a un diamètre de cent kilomètres. A l'intérieur se trouve une plaine de lave avec de petites montagnes et des petits cratères de toutes sortes. Un mur de trois mille mètres d'altitude clôture l'ensemble. La base se trouvera ainsi parfaitement protégée de toute émission radio produite sur le sol lunaire. J'ai donc insisté auprès de mes collègues pour dire que nous n'avions aucune raison de « demander la Lune », si je puis dire, mais seulement ce cratère qui assurerait notre tranquillité. La difficulté est que les responsables méconnaissent souvent la géographie lunaire et qu'il faut leur faire comprendre l'intérêt de choisir ce cratère plutôt qu'un autre... Il s'agit souvent de radioastronomes qui étudient des quasars situés à l'autre bout de l'Univers et ne savent à peu près rien de notre Lune. Il se trouve que j'ai eu la chance d'avoir été, dans ma jeunesse, un astronome amateur pour qui la Lune est devenue familière.

— *Vos suggestions ont-elles été entendues ?*

J. H. — Oui ! Ces précisions ont permis de montrer combien le choix du cratère Saha était pertinent pour la radioastronomie future. Nous pouvons imaginer ainsi que, dans un avenir sans doute assez proche, une base robotique permanente située sur la face visible et en bordure de la face cachée permettra de rallier notre radiotélescope à trois cent cinquante kilomètres de là, derrière la Lune. La distance n'est pas un problème. Nous sommes en mesure de fabriquer des véhicules capables de se déplacer sur cette matière appelée régolithe qui couvre la surface de la Lune. Lors d'un des derniers voyages Apollo, les Américains ont fait faire trente-quatre kilomètres à deux astronautes perchés sur un engin comparable. Un robot plus perfectionné encore pourra bien effectuer trois cent cinquante kilomètres dans dix ans !

— *Pourquoi ne pas utiliser un hélicoptère ?*

J. H. — Il n'y a pas d'air sur la Lune ! Il faut donc trouver une route qui relierait le radiotélescope à la base. J'ai regardé la carte en détail et j'ai tracé cette route. J'ai naturellement évité, autant que possible, les détours, les pentes supérieures à cinq degrés d'inclinaison, et tout cela a eu le meilleur effet sur mes interlocuteurs. Sans parler du fait que la pesanteur est six fois moindre sur la Lune que sur Terre.

— *Le fait de matérialiser ce projet a donc rassuré vos interlocuteurs ?*

J. H. — Les spécialistes du droit spatial m'ont soutenu à fond : l'idée d'installer un radiotélescope dans le cratère Saha fait tranquillement son chemin.

— *Les radioastronomes n'ont-ils pas intérêt, justement, à s'allier aux industriels ?*

J. H. — Bien entendu. La Luna Corp. dirigée par un industriel visionnaire, a proposé d'envoyer sur la Lune un Rover, un robot muni de deux caméras de télévision et de batteries solaires, qui pourrait être télécommandé depuis la Terre par des particuliers. Vous installez votre poste de commande dans le musée de l'Air et de l'Espace en France ou dans le Space Museum à Washington, par exemple, et vous faites payer le droit de manipuler à distance un engin sur la Lune durant quelques minutes.

— *C'est une idée formidable.*

J. H. — C'est même une idée géniale !

— *Le seul problème est que les batteries ne capteront pas l'énergie solaire dans la nuit lunaire...*

J. H. — Eh bien, lorsque la nuit tombe sur la Lune, le guichet est fermé, voilà tout.

— *Mais une partie de la Lune n'est-elle pas toujours à l'ombre ?*

J. H. — Non, à part quelques cratères profonds aux pôles. Contrairement à ce que l'on croit, la partie que nous ne voyons pas n'est pas forcément dans l'ombre. Sur la Lune, vous avez toujours quatorze jours de lumière et quatorze jours de nuit.

— *Cette histoire de robot téléguidé depuis la Terre ne s'apparente-t-elle pas déjà à une sorte de tourisme spatial ?*

J. H. — Il est clair que le tourisme spatial suscitera un très vif intérêt dans l'avenir.

— *C'est l'idée de Steven Spielberg dans* Jurassic Park.

J. H. — Si l'expérience est concluante, les industriels trouveront d'autres idées pour accroître les bénéfices générés par la Lune. Des universités aux Etats-Unis étudient des projets de Rover lunaires alors que les budgets n'existent même pas. L'engin imaginé par les astronomes de la Mellon University pèse deux tonnes et demie et a parcouru tout seul déjà des centaines de kilomètres dans les grands déserts d'Amérique du Sud. Mais il en existe de bien plus modestes, de la taille de celui qui s'est promené sur le sol de Mars. La téléprésence robotique semble avoir un brillant avenir devant elle.

— *Ces différents projets n'invitent-ils pas à penser que ce Rover circulera sur la Lune à très brève échéance ?*

J. H. — Lorsqu'on a annoncé la quasi-découverte de glaces aux pôles Nord et Sud de la Lune, la Luna Corp. a proposé de financer le transport d'un appareil mis au point par la Mellon University et capable de détecter et d'analyser la glace lunaire. Cette coopération entre la science et l'industrie est de bon augure : elle est le gage que ces différents projets peuvent se réaliser dans un avenir proche.

— *Il y a des chances pour qu'il y ait de la glace, dans la mesure où les comètes ont bien dû bombarder la Lune autant que la Terre ?*

J. H. — Ce sont des probabilités que nous prenons très au sérieux. J'ai proposé au Cospar d'organiser un symposium international à Nagoya sur ce projet dans le cratère.

— *Qu'est-ce que le Cospar ?*

J. H. — Le Comité mondial de la recherche spatiale, un organisme international de haut niveau créé dès les débuts de l'aventure spatiale. En 1998, nous

nous sommes retrouvés à une quinzaine, chercheurs, ingénieurs, gens de loi, afin de poser la première pierre de cet édifice interdisciplinaire. L'Académie internationale d'astronautique m'a alors demandé de mener une *cosmic study,* un congrès virtuel, sur le projet d'observation radio derrière la Lune. Sur quatre cents invitations adressées à des spécialistes de toute discipline, j'ai reçu soixante-dix réponses favorables. Ce travail doit être terminé dans un an, son objectif étant de constituer un ensemble de réflexions utiles à tous ceux qui pourraient participer un jour à cette aventure Saha : Nasa, ESA (Agence spatiale européenne), Agence spatiale japonaise, industriels...

— *A qui appartient la Lune ?*

J. H. — Dans le cadre des Nations unies, deux textes régissent son statut. Il y a d'abord le Traité sur les principes gouvernant les activités des Etats dans l'exploration et l'utilisation de l'espace extérieur, incluant la Lune et autres corps célestes (dit Traité de l'espace extérieur), de 1967, puis l'Agrément gouvernant les activités des Etats pour la Lune et autres corps célestes (dit Traité de la Lune), de 1984.

— *Que stipulent ces traités ?*

J. H. — Tous les Etats ont le droit de se rendre sur la Lune à la condition d'en informer les Nations unies qui, au préalable, statuent sur l'opportunité de la mission. Mieux vaut éviter de proposer de construire une centrale nucléaire sur la Lune, bien entendu !

— *Mais à qui, alors, appartient la Lune ?*

J. H. — Les juristes voudraient que la Lune fasse partie du patrimoine universel de l'humanité. C'est une grande idée que je salue.

— *On ne trouvera donc pas de propriété privée sur la Lune ?*

J. H. — Non. C'est une situation tout à fait intéressante.

— *Mais le cratère Saha à qui appartiendra-t-il ?*

J. H. — Si nous faisons valoir que ce cratère pourrait accueillir un récepteur radio dans l'avenir, il faudra faire en sorte que personne ne s'y installe en attendant. Notre génération d'astronomes et la suivante devront se montrer particulièrement vigilantes. Le Traité sur la protection de l'Antarctique ainsi que le Traité des fonds marins peuvent nous servir de modèle dans ce domaine.

— *La différence est qu'il faut un très grand nombre de contributions pour élaborer un projet : cela ne peut passer inaperçu.*

J. H. — Détrompez-vous ! Un milliardaire peut très bien financer le lancement d'une fusée porteuse d'un Rover à destination de la Lune.

— *Il pourrait agir sans informer personne ?*

J. H. — Qui pourrait l'arrêter une fois sa fusée lancée ? On peut imaginer qu'une secte décide d'installer une antenne sur la Lune pour faire sa propagande.

— *Secte ou pas, il est choquant d'imaginer qu'un bout de la Lune puisse appartenir demain à un particulier !*

J. H. — Ce serait honteux. Pourquoi ne pas envisager pis encore : des sociétés bidon vendant des étoiles, des galaxies lointaines. L'étoile portera votre nom, contre quelques milliers de dollars. Personne ne pourra empêcher que l'industrie touristique ne prenne demain la Lune et les autres planètes du Système solaire pour cibles. L'exemple de l'Antarctique nous prouve que, même avec une législation protectrice, on ne peut empêcher que certains particuliers ne désirent y passer quelques jours, guidés par des voyagistes aventuriers. Et, malheureusement, dès que ces gens posent le pied sur la glace, ils commencent à dégrader les lieux.

— *Vous considérez notre planète Terre comme une sorte de « nef des fous » ?*

J. H. — Tout à fait. Au moment où l'humanité manifeste une curiosité pour le cosmos, nous sommes déjà en situation de ne plus entendre le moindre signal... Carl Sagan avait déjà noté ce paradoxe il y a quinze ans de cela.

Une lentille solaire

— *Ces difficultés de tout ordre ne vous découragent pas...*

J. H. — Nous recevrons un message, puis deux, puis des dizaines, et nous aurons alors à trier parmi ces signaux. Nous choisirons de préférence ceux qui nous sembleront attester l'existence d'une civilisation technologiquement évoluée. L'analyse du signal nous apprendra bien des choses et notamment la distance qui sépare leur planète de la nôtre, la nature de cette planète et sa place dans son propre système solaire. Si la distance est de l'ordre de cent ou mille années-lumière, nous devrons renoncer à y aller ou même à y envoyer une sonde. Le voyage durerait des siècles ! Nos télescopes non plus ne percevraient rien.

— *Absolument rien ?*

J. H. — Nous verrions peut-être un peu de lumière. Une analyse spectroscopique nous permettrait alors de détecter la présence d'ozone sur la planète en question. L'ozone est un bon indicateur de la présence de vie primitive. Il ne nous renseigne cependant pas sur l'existence d'une civilisation extraterrestre.

— *L'ozone est un indicateur de photosynthèse ?*

J. H. — C'est cela. On peut éventuellement détecter des chloro-fluoro-carbones comparables à ceux que nous dégageons dans l'atmosphère : ce sera la preuve que cette lointaine civilisation se comporte aussi mal que nous avec son environnement.

— *Un observatoire lunaire n'est donc pas suffisant ?*

J. H. — Il faut se doter d'instruments plus puissants. Le projet dont je vais maintenant vous parler a été initié par mon collègue italien Claudio Maccone, ingénieur à Alenia Spazio, la société industrielle spatiale italienne. Le point de départ de Maccone est de considérer le Soleil comme un immense télescope capable de renvoyer vers nous des informations en provenance des coins les plus reculés de l'Univers. Le Soleil constitue en effet une masse sphérique qui, d'après la théorie de la relativité générale d'Einstein, courbe l'espace alentour. Ce qui veut dire que lorsqu'un rayon lumineux, une onde radio passent à proximité de l'étoile solaire, ils se trouvent automatiquement déviés de leur course.

— *Tous les corps dans l'espace font ainsi dévier les rayons qui passent à proximité ?*

J. H. — Bien entendu. Maccone explique donc que, d'après la théorie d'Einstein, les rayons électromagnétiques déviés par le Soleil finissent par se rencontrer en un endroit — comme s'ils étaient passés à travers une lentille. Mais voilà : c'est une lentille d'un diamètre d'un million quatre cent mille kilomètres pouvant réaliser un grossissement gigantesque !

— A quelle distance le « foyer » se trouve-t-il de cette gigantesque lentille solaire ?

J. H. — L'endroit où les rayons vont converger se trouve à vingt fois la distance qui sépare Neptune du Soleil.

— Neptune qui est déjà, avec Pluton, la planète la plus éloignée du Soleil ?

J. H. — C'est cela. La position du foyer le plus proche est évaluée à cinq cent cinquante unités astronomiques, cinq cent cinquante fois la distance Terre-Soleil. Mais naturellement, si l'on veut tirer parti de cette lentille solaire, il faut placer une sorte d'oculaire derrière l'objectif C'est le principe de la lunette ou des jumelles : l'objectif concentre les rayons sur un point, et, à l'endroit où convergent les rayons, on place une loupe : l'oculaire. Dans notre schéma grandeur nature, il faut donc aller placer un oculaire à l'endroit où les rayons électromagnétiques déviés par le Soleil vont se diriger et se rejoindre.

— On placera l'oculaire à une distance de cinq cent cinquante unités astronomiques, mais dans quelle direction ?

J. H. — L'oculaire devra être situé à l'extrême opposé de l'endroit où se trouve l'astre à détailler par rapport au Soleil. Et tout cela n'est pas sans poser quelques problèmes.

— Ces projets de lentille solaire sont-ils pris au sérieux par les scientifiques qui œuvrent au sein de SETI ?

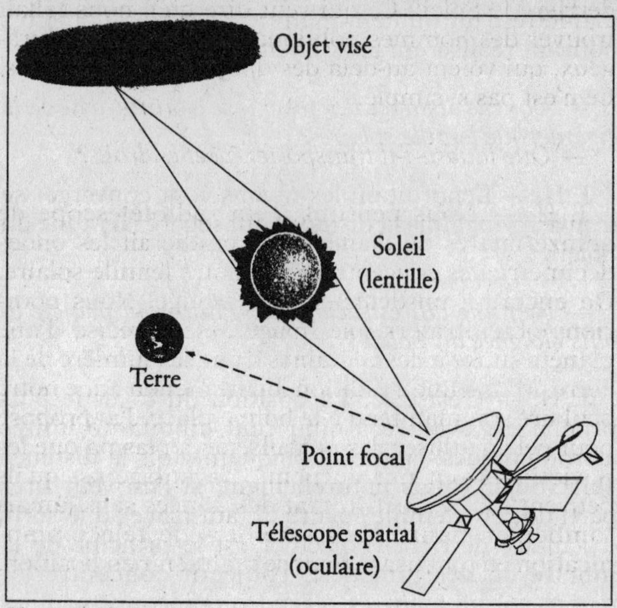

D'après Claudio Maccone

J. H. — Claudio Maccone, qui est également secrétaire de l'Institut d'astrodynamique à Turin, avait lancé l'idée d'un symposium pour étudier plus en détail la possibilité d'utiliser les effets de la force gravitationnelle du Soleil. Nous nous sommes ainsi réunis à une vingtaine pour mettre sur pied un projet de mission à l'ESA afin d'envoyer dans l'espace cette pièce maîtresse de notre futur dispositif Mais ce projet « Focal » a malheureusement été rejeté. Il concerne de toute évidence la prochaine génération des astronomes de SETI.

— *Ce projet était-il technologiquement et immédiatement réalisable ?*

J. H. — Pas tout à fait. Il nous fallait vingt-cinq ans pour nous rendre là où devrait être installé l'oculaire, derrière le Soleil. Ce qui veut dire qu'il nous fallait trouver des hommes politiques visionnaires, courageux, qui voient au-delà des dix prochaines années. Ce n'est pas si simple.

— *Que faudra-t-il transporter à cet endroit ?*

J. H. — Nous pensons à un radiotélescope de quinze mètres de diamètre : il étudierait les ondes décimétriques concentrées par notre lentille solaire. Ou encore à un détecteur infrarouge. Nous pourrions obtenir alors une image assez précise d'une planète située à des centaines d'années-lumière de la Terre. Mais à une condition, bien entendu : que notre oculaire soit maintenu à la bonne place. J'ai proposé pour cela d'utiliser des propulseurs à plasma que les Soviétiques ont mis au point. L'avantage est qu'ils peuvent fonctionner durant des années sans jamais tomber en panne. Les satellites de télécommunication en font usage pour se maintenir en position.

— *La planète observée et la Terre étant en mouvement, le télescope oculaire doit donc, lui aussi, se déplacer ?*

J. H. — Pour vous donner un exemple, l'image d'une planète semblable à la nôtre et située à cent années-lumière de la Terre, une fois formée par notre lentille solaire et projetée à cent milliards de kilomètres, aurait un diamètre de trois kilomètres. Il n'est pas évident alors de placer un oculaire juste à l'endroit où l'image sera projetée et de l'y maintenir. Les propulseurs à plasma nous le permettront : par interférométrie (système optique d'une très grande précision), nous pourrons maintenir le radiotélescope dans l'axe et à la bonne distance de sa lentille en fonction de la position de la planète étudiée et de la nôtre.

— *Les images mettront-elles ensuite vingt-cinq ans pour nous parvenir ?*

J. H. — Pas du tout ! Elles nous parviendront, par télévision, en une semaine seulement. Là où nous avons envisagé de l'installer, l'oculaire se trouve tout de même en dehors de notre Système solaire, dans le domaine des comètes.

— *Si vous disposiez des crédits suffisants, lanceriez-vous votre opération sans tarder ?*

J. H. — Pourquoi attendre ? D'ici à quelques années, nous aurons localisé des centaines de planètes ressemblant à la nôtre. Nous pourrons alors faire le choix d'observer une planète plus remarquable qu'une autre, de notre point de vue, et, à partir de là, nous guiderons l'oculaire depuis la Terre de manière à toujours conserver son image.

— *Que verrons-nous exactement ?*

J. H. — Nous obtiendrons alors l'image de la répartition des continents, des mers, et bien d'autres informations précieuses. J'ai même l'impression qu'une ville comme New York serait détectable à cause de l'infrarouge émis par toute activité de type technologique. On pourrait certainement se faire aussi une idée de ce qu'est son environnement circumplanétaire et détecter la présence éventuelle d'une charpente métallique de type de celle de Dyson, dont nous parlions tout à l'heure : tout cela nous renseignerait sur le niveau astro-technologique de la civilisation qui y évolue.

— *Ce radiotélescope oculaire ne peut-il être endommagé par une comète ?*

J. H. — Rien n'est impossible dans ce domaine. Il faudra alors vingt-cinq ans supplémentaires pour expédier un nouveau radiotélescope. Il existera sans doute des moyens plus rapides pour se déplacer, comme les voiles solaires... Il s'agit d'un dépôt métallique placé sur une feuille de plastique de quelques kilomètres carrés servant à réfléchir la lumière solaire (qui joue ici le rôle du vent propulsant la voile). Mais le plastique est un poids mort inutile. Les Italiens réfléchissent actuellement à des procédés issus de la nanotechnologie pour ôter ce plastique.

— *Vous avez parlé des Italiens à deux reprises. Sont-ils à la pointe de la recherche dans ces domaines ?*

J. H. — Il y a ce groupe de Turin, basé à Alenia Spazio. Mais il y a aussi celui du Torino Politecnico, une école d'ingénieurs réputée. Son directeur, Giancarlo Genta, y travaille aujourd'hui sur un projet de Rover hexapode à double châssis qui marche au lieu de rouler. Et il y a encore Giovanni Vulpetti, le président du comité Exploration de l'espace interstellaire de l'Académie internationale d'astronautique. A eux tous, ils forment évidemment une équipe de premier ordre.

LORSQUE LE PREMIER MESSAGE ARRIVERA...

— *Imaginons maintenant qu'un message finisse par nous parvenir. On peut concevoir ce que seraient les conséquences philosophiques, métaphysiques, religieuses d'une telle nouvelle. Certains régimes ne seraient-ils pas tentés de l'occulter ?*

J. H. — Nous sommes quelque deux cents radioastronomes à nous occuper de la recherche de signaux artificiels extraterrestres au sein de SETI. Nous avons bien entendu mis en scène cette réception d'un premier message de manière à prévenir tous ces dangers. Nous avons ainsi élaboré un protocole d'annonce parfaitement précis en cas de découverte de signal extraterrestre, prévoyant, avant toute chose, une vérification scrupuleuse de l'information. Il est indispensable de s'assurer qu'il ne s'agit pas d'un parasite et que le signal n'est pas d'origine terrestre. C'est ainsi qu'un comité de vérification composé de biologistes, de philosophes, de radioastronomes chargés d'identifier la nature du signal reçu a été mis sur pied. Si nous parvenons à un relatif consensus au sein de ce comité, la nouvelle sera alors annoncée à l'humanité entière par la voix du secrétaire général des Nations unies. S'il s'agit véritablement d'un signal extraterrestre, il relèvera du patrimoine culturel de l'humanité.

— Tous les radioastronomes qui travaillent pour SETI ont dû rêver de cet instant-là ?

J. H. — Il est impossible de ne pas penser à ce jour où nous recevrons le premier signal. Nous tenons chaque année, dans le cadre de la Fédération astronautique internationale, un congrès SETI où nous faisons le point sur le développement de nos recherches. Il est arrivé quelquefois qu'un de nos collègues aborde la question des conséquences de la découverte d'un signal extraterrestre. Je peux vous assurer que beaucoup de scénarios ont été envisagés, depuis les réactions de panique jusqu'aux bouleversements philosophiques et religieux. Sans oublier la réaction des commerciaux et des publicitaires désireux de tirer profit de l'événement. L'hypothèse où le message serait récupéré par des sectes ou la mafia a même été discutée. Nous sommes donc parfaitement conscients que la nouvelle de la réception d'un message n'irait pas sans provoquer quelques tremblements de terre.

— Comment répondre à ce message ?

J. H. — Nous définissons en ce moment les termes d'un nouveau protocole relatif à la question de la réponse à un message d'origine extraterrestre. Une fois cette planète localisée, rien n'empêchera une société multinationale, une secte puissante de financer l'émission d'un message publicitaire ou de propagande. Le protocole cherche donc à empêcher toute tentative de récupération d'un signal artificiel. Notre souhait serait de faire ratifier le protocole par les Nations unies, mais les réactions sont, pour le moment, assez confuses.

— *Une fois écartés les dangers de détournement idéologique, que répondrez-vous au message reçu ?*

J. H. — Faut-il répondre ? Certains pensent que notre réponse signalerait notre existence et permettrait de nous localiser. Ce serait préjudiciable dans l'hypothèse où cette civilisation extraterrestre aurait pour dessein de conquérir notre planète. Mais ces réserves ne sont pas justifiées, du fait que nous ne cessons d'émettre des ondes depuis quelques dizaines d'années déjà. Si cette civilisation est plus avancée que la nôtre, elle a dû repérer notre présence dans la Voie lactée. Il serait vain de vouloir passer inaperçu.

— *Il faut donc répondre.*

J. H. — Mais là se posent naturellement d'autres problèmes. Quel texte allons-nous rédiger et adresser à ces créatures lointaines ? Comment nous présenter ? Que devons-nous raconter sur nous-mêmes qui permettrait à ces gens de se faire une idée de ce que nous sommes ? Comment les différents Etats parviendront-ils à un consensus ? Vous voyez un peu les difficultés, et, sur ces points, ce n'est plus aux radioastronomes de décider.

— *Il faudra dix mille ans pour que tout le monde finisse par s'entendre, non ?*

J. H. — Ne soyez pas aussi pessimiste ! Les Etats parviennent parfois à des accords inespérés. L'existence même des Nations unies témoigne d'une volonté de défendre des causes supranationales. Mais le consensus sur un texte approuvé par tous les membres de SETI n'existe pas encore, je vous l'accorde. J'ai pensé qu'une grande encyclopédie universelle, comme l'*Universalis* ou la *Britannica,* pourrait faire l'affaire. Il s'agit d'ouvrages qui donnent le maximum d'informations sur l'humanité, qui en principe ne sont pas inspirés par un esprit partisan et mettent à contribution des spécialistes de toute nationalité, de toute idéologie et de toute confession. Sans parler du fait que ces informations sont régulièrement mises à jour.

— *Dans* Le Cinquième Elément *de Luc Besson, la créature censée avoir été engendrée par des extraterrestres prend connaissance de notre civilisation à travers une encyclopédie électronique.*

J. H. — Si vous prenez le texte de l'*Universalis,* par exemple, vous avez une suite de symboles — a, b, c, d, etc., et 1, 2, 3, etc. — que nous pouvons coder facilement avec des bits : l'ensemble du texte représente alors un milliard de bits ; les illustrations, tant de milliards de pixels. Au total, cent milliards de bits. Pour transmettre ces informations par l'intermédiaire de nos radiotélescopes, il ne nous faudrait pas plus d'une heure et demie. J'ai donc proposé à mes collègues d'envoyer tout simplement une encyclopédie dans l'espace.

— *Comment cette idée a-t-elle été accueillie ?*

J. H. — Les choses sont restées un peu dans le flou, mais je reviendrai à la charge. Peut-être faudrait-il choisir une autre encyclopédie me suis-je alors demandé. Mais laquelle ? La plus ancienne est chinoise, mais elle semble aujourd'hui quelque peu dépassée. L'une des plus partisanes est la soviétique... Pouvions-nous éviter de nous tourner vers l'*Universalis* ou la *Britannica* ? Probablement pas. C'est une solution très pragmatique.

— *Ces congrès et ces réunions, ces projets audacieux ne témoignent-ils pas de la bonne santé de SETI ?*

J. H. — Nous avons fait comprendre, me semble-t-il, qu'on devait s'intéresser à SETI sur le long terme. Il faut témoigner d'une plus grande persévérance afin que nous soyons le plus rapidement possible en situation de recevoir ce premier message. Une fois le message reçu, nous disposerons alors de deux exemples de technologies avancées : la nôtre et celle que nous aurons découverte. A partir de là, comment ne pas parier sur l'existence d'un grand nombre de civilisations extraterrestres dispersées dans le cosmos ? Si nous sommes donc persuadés que la vie est présente en plusieurs endroits de l'Univers, les Etats finiront alors par s'intéresser à nos recherches et nous encourageront à trouver ces planètes habitées. D'ici une dizaine d'années, je parie que nous aurons pu localiser un très grand nombre de systèmes planétaires abritant l'équivalent de ce qu'est la Terre dans le Système solaire.

— *En êtes-vous certain ?*

J. H. — Aucun démenti scientifique n'est encore venu détourner ma curiosité. Nous découvrirons des planètes à des distances incommensurables les unes des autres, et des civilisations ayant évolué pour cette raison de façons tout à fait originales. Ces civilisations seront donc complètement différentes les unes des autres et notre approche du problème de la vie extraterrestre prendra un tour sociologique. SETI cessera d'être *Search for Extra-Terrestrial Intelligence* pour se muer en *Survey for Extra-Terrestrial Intelli-*

gence, puis en *Study for Extra-Terrestrial Intelligence*, puis encore en *Sociology for...*

— *Comment vous situez-vous dans cette communauté travaillant pour SETI ? Etes-vous parmi les plus enthousiastes ?*

J. H. — Oui, sans doute. Mais notez que je fréquente des astronomes très convaincus, eux aussi, par leurs travaux. Prenez l'exemple de Jill Tarter : ce sont ses convictions qui stimulent la recherche américaine et encouragent la communauté entière des astronomes.

— *Comment vous regarde-t-on ?*

J. H. — En France, plutôt comme un fumiste.

— *Cela ne vous a pas empêché de persévérer...*

J. H. — Non, parce que je suis parfaitement reconnu et apprécié au plan international par cette communauté d'astronomes œuvrant au sein de SETI. Cela me donne une grande tranquillité d'esprit.

— *Vous n'avez jamais perdu espoir ?*

J. H. — Je ne m'occupe vraiment de ces questions que depuis 1982. Mais je n'ai pas cessé depuis. Si vous me demandez : « C'est pour quand ? », je vous répondrai : « La semaine prochaine, ou dans un siècle. » Je n'en sais pas plus.

Si des signes d'intelligence nous parviennent donc un jour, d'où viendront-ils ? La découverte récente de planètes autour de soleils lointains, permet aux scien-

tifiques de reposer cette question sous un nouvel éclairage. La détection de ces nouveaux mondes a déjà multiplié dans des proportions vertigineuses les probabilités qu'il existe, quelque part dans l'Univers, des terres analogues à la nôtre. Alfred Vidal-Madjar évalue à présent ces probabilités, et leurs conséquences lointaines.

La lumière des soleils

par

Alfred Vidal-Madjar

Directeur de recherches au CNRS, chercheur à l'Institut d'astrophysique de Paris, professeur de physique à Polytechnique, Alfred Vidal-Madjar se trouve aux avant-postes de l'observation des nouvelles planètes récemment découvertes. Pour ce bon vivant, l'astronomie est un des grands plaisirs de la vie. Il aime à faire partager ses découvertes, et c'est dans un club de vacances qu'il a commencé à faire des conférences un soir, sur la plage, entre des sketches de Marie-Anne Chazel, Christian Clavier, Gérard Jugnot, Thierry Lhermitte et Valérie Mairesse. Une photo de galaxie glissée parmi les photos d'été avait alors suscité ce commentaire : « Regarde, tu pars de la gare Montparnasse, tu vas en Bretagne, puis tu continues tout droit pendant deux millions d'années-lumière, et tu arrives exactement là ! »

Egyptien de naissance, né en 1942, Alfred Vidal-Madjar avait neuf ans quand il a quitté Le Caire pour venir vivre en France. Mais il n'a acquis la nationalité française qu'en 1963, après avoir fini ses études à l'Ecole polytechnique. Passionné par la physique, dès la classe de seconde, il découvre Matière et lumière, *de Louis de Broglie (1892-1987), Prix Nobel de physique du début du siècle, un livre passionnant sur la nature de la matière. « C'était mieux que la science-fic-*

tion ! dit-il en riant. De Broglie allait infiniment plus loin que tous les romans, car c'est la nature de la réalité dont il me parlait. Il m'enseignait que la matière qui nous entoure, telle qu'elle se manifeste, est totalement différente de ce que nous percevons. Chaque grain de lumière, chaque particule de matière est en même temps une onde. Tout est simultanément onde et corpuscule. Au lieu de se propager en ligne droite comme on tendrait à le penser, la matière circule par vagues en propageant des ondes. » A la même époque, Alfred Vidal-Madjar découvrait la théorie de la relativité d'Einstein.

*Malgré tout, il n'avait pas encore eu l'idée de devenir astronome, et il hésitait entre un poste de gestionnaire d'entreprise et la création d'une agence de publicité quand un ami polytechnicien lui téléphone pour lui proposer de construire... un satellite artificiel qui devait être financé par le CNES et lancé par la Nasa. C'était en 1965, la France se lançait dans l'aventure spatiale et participait à la série des satellites OSO (*Orbiting Solar Observatories*), destinés à observer le Soleil à partir de l'espace, hors de l'atmosphère terrestre. En quatre ans, Alfred Vidal-Madjar a donc construit ce satellite, qui a été placé sur une orbite à cinq cent cinquante kilomètres d'altitude. Expérience qui a déterminé la suite de son itinéraire.*

C'est un peu par hasard — encore un tour malicieux de la recherche — qu'Alfred Vidal-Madjar s'est ensuite intéressé au deutérium. Il avait commencé à observer la lumière du Soleil, notamment dans l'ultraviolet. « A l'époque, j'utilisais des atomes d'hydrogène qui étaient enfermés dans une jolie petite cellule en verre — j'en ai conservé une, d'ailleurs, en souvenir, dans mon bureau. Ces atomes, dans la lumière du soleil, entraient en résonance et m'informaient très subtilement sur l'activité solaire à cette longueur d'onde. Une autre cellule de verre, montée juste à côté de la première, contenait du deutérium — de l'hydrogène lourd — dont la résonance est légèrement décalée. Elle m'a permis d'observer la lumière solaire à une longueur d'onde voisine, et donc de surveiller plus finement le Soleil. Mais, chose bien plus importante, elle a mis le deutérium dans un coin de ma tête, à une époque où on n'en parlait presque pas. Or il se trouve que le deutérium est un élément extraordinaire de la nature : il a été fabriqué au moment du big-bang et est détruit, depuis, chaque fois qu'il se retrouve piégé à l'intérieur d'une étoile. Ainsi, chaque atome de deutérium que nous rencontrons nous arrive tout droit de cet instant fabuleux que fut la naissance de l'Univers ; en l'occurrence, j'en avais plein ma petite cellule de verre... J'avais donc entre les mains une sorte de concentré du big-bang ! »

*Alfred Vidal-Madjar a écrit à la Nasa pour suggérer d'observer le deutérium à l'aide du satellite OAO-3 (*Orbiting Astronomical Observatory*), lancé le 21 août 1972, et baptisé Copernicus en 1973 en l'honneur du célèbre astronome polonais du* XVI*e siècle, Nicolas Copernic. « Nous savions qu'il y avait du deutérium sur la Terre, dans les océans. Pourquoi ne pas essayer d'en trouver dans l'espace ? Ceux qui avaient conçu et fabriqué ce satellite n'avaient jamais imaginé qu'on puisse l'utiliser pour détecter le deutérium. Quand ils ont reçu ma lettre, ils sont allés vérifier le spectre d'une étoile et ils y ont trouvé la signature du deutérium, rigoureusement identique à celle que j'avais prévue. C'était la première fois qu'on mesurait directement cet élément ailleurs que sur Terre et il présentait une valeur très différente. C'est ainsi que nous avons compris que, sur notre planète, il avait été enrichi d'une manière particulière. Le deutérium s'est révélé être une sonde extraordinairement précise permettant de mesurer la quantité totale de matière dans l'Univers. » C'est ce deutérium que doit rechercher le satellite FUSE (*Far Ultraviolet Spectroscopic Explorer*), lancé le 24 juin 1999 de Cap Canaveral.*

Pour les besoins de ses observations, Alfred Vidal-Madjar est devenu un véritable globe-trotter. A défaut de pouvoir s'embarquer à bord d'un vaisseau spatial, il passe son temps entre Paris, le Chili, Hawaï... En

1984, il a appris par la presse l'existence d'un disque de poussières autour de l'étoile Bêta Pictoris, à soixante-six années-lumière de la Terre. Depuis lors, rivé à ses multiples télescopes, il n'a plus cessé de guetter l'apparition de nouvelles terres célestes. La moisson ne fait que commencer...

LES NOUVELLES PLANÈTES

— En 1984, vous avez appris une nouvelle sensationnelle : on avait découvert un système planétaire en formation autour de l'étoile Bêta Pictoris, à soixante-six années-lumière d'ici. Cette découverte vous a bouleversé. Pourquoi ?

Alfred Vidal-Madjar. — Oh oui, ce fut un grand jour, une de mes grandes émotions scientifiques ! Je ne m'y attendais pas du tout. Nous étions une fois de plus en avion, en route vers les observatoires européens du Sud, au Chili, Roger Ferlet, avec qui je partage tant d'aventures astrophysiques aux quatre coins du monde, et moi-même. Non loin de nous, un passager lisait son journal. Une bien curieuse photo, apparemment astronomique, était en première page. Quand il a enfin quitté son siège, nous nous sommes jetés sur son journal pour découvrir que cette photo était celle d'un disque de poussières que l'on venait de détecter autour de l'étoile Bêta Pictoris... C'était splendide ! Nous n'avons pas pu résister... Nous avons pris le journal et lu l'article... Avec un télescope au sol, au Chili, justement, les astronomes américains Bradford Smith et Richard Terrile avaient adapté aux étoiles une technique assez simple, habituellement utilisée pour observer le soleil : la coronographie.

— C'est cette technique qui consiste à cacher le Soleil pour observer sa couronne lumineuse ?

A. V.-M. — Exactement. Appliquée à une étoile, elle permet de voir s'il y a autour d'elle un halo qui signalerait la présence de poussières. Et c'est ainsi qu'ils ont repéré, pour la première fois, l'image indiscutable d'un disque de poussières ! Nous avions en effet, depuis les observations faites en 1983 grâce au satellite IRAS, la quasi-certitude que ces poussières existaient, mais nous ne disposions pas d'image pour nous en assurer. Cette fois, on les distinguait clairement ! Cela changeait tout. Il s'agissait d'un disque immense, dix fois plus grand que notre propre Système solaire.

— Pourquoi les poussières avaient-elles la forme d'un disque ?

A. V.-M. — Comment se forme une étoile ? D'un nuage interstellaire qui s'effondre sur lui-même ; en se contractant, il se met à tourner de plus en plus vite ; la force centrifuge empêche le gaz et les poussières qui tournent d'être attirés vers le centre, sauf s'ils tombent « par-dessus » ou « par-dessous », c'est-à-dire le long de l'axe de rotation. Ainsi, en se contractant, le nuage s'aplatit tout naturellement et prend finalement la forme d'un disque. C'est une forme universelle. On la trouve partout, des galaxies aux systèmes planétaires.

— Tout ce qui est en orbite tourne-t-il dans le même sens ?

A. V.-M. — Tout ce qui se place en orbite autour d'un même objet. C'est le cas des planètes du Système solaire : elles tournent toutes dans le même sens, parce qu'elles sont toutes nées dans le même disque originel en rotation. Au IIe siècle de notre ère, Claude Ptolémée avait observé ce qu'il appelait des rétrogradations, mais c'était une illusion liée au fait que les objets célestes ne tournent pas tous à la même vitesse.

— Comment pouviez-vous savoir que ces poussières étaient associées à des planètes ?

A. V.-M. — Je n'en savais rien ! Les planètes, peu nombreuses, sont paradoxalement quasiment indécelables au milieu des poussières qui, elles, se révèlent aisément par leur multitude. Nous avions néanmoins diablement envie de nous en assurer et nous nous sommes dit : dès notre arrivée, nous braquons notre télescope, et à nous deux, Bêta Pictoris ! C'était la première fois que nous allions observer un autre système planétaire que le nôtre... Et nous étions tombés sur un système extraordinairement riche et complexe. Non seulement il y avait des poussières dans ce disque, donc éventuellement des planètes, mais nous avons aussi découvert, avec l'aide de nos trois premiers étudiants travaillant sur ce thème, Anne-Marie Lagrange, Hervé Beust et Magali Deleuil, que de curieuses bouffées de gaz apparaissaient fréquemment juste devant l'étoile. Nous avons montré qu'elles étaient produites par la chute permanente de comètes : cette étoile est véritablement bombardée tous les jours. Pour vous donner un élément de comparaison, notre Soleil n'en reçoit que quelques-unes par an.

— Cela signifie-t-il que Bêta Pictoris est plus jeune que le Soleil ?

A. V.-M. — Oui, elle a environ cent millions d'années d'existence, ce qui est relativement peu. Son système est donc beaucoup plus turbulent que notre Système solaire, qui compte quatre milliards et demi d'années et qui a eu largement le temps de s'assagir. Il était dans un état semblable à celui de Bêta Pictoris pendant environ sept cents millions d'années après sa formation. Ainsi, cette étoile lointaine nous renseigne sur notre propre histoire. Nous en connaissions déjà les grandes étapes grâce, entre autres, à l'étude des météorites et au dénombrement des cratères lunaires effectué autour des sites d'alunissage des missions Apollo.

— *L'observation de Bêta Pictoris nous renseigne-t-elle aussi sur la nature de son disque ?*

A. V.-M. — Bien sûr, et d'autant plus que nous avons la chance de le voir par la tranche, sous la forme d'une ligne en travers de l'étoile.

— *Pourquoi est-ce une chance ? Ne verrait-on pas le disque plus clairement si nous l'observions par-dessus ?*

A. V.-M. — Non, ce disque est trop ténu, il nous semblerait transparent ! Les éléments qui le forment, ne l'oubliez pas, sont en fait très éloignés les uns des autres. C'est une chance parce que, sous cet angle privilégié, la lumière de l'étoile ne nous parvient qu'après avoir traversé l'ensemble du disque. Cela nous permet d'identifier et d'analyser tous les obstacles qu'elle rencontre sur son chemin : planètes, astéroïdes, comètes, poussières, gaz...

— *Comment pouvez-vous identifier et analyser des objets aussi lointains ?*

A. V.-M. — Par leurs couleurs. Ou, plus précisément, par le rayonnement qu'ils absorbent et qu'ils émettent. Selon sa taille, sa densité, sa masse, sa composition chimique, sa distance par rapport à l'étoile, chaque corps interagit avec la lumière à sa façon. Nous avons tous une expérience courante de ce phénomène : tout objet éclairé absorbe une partie de la lumière et réfléchit le reste. C'est ce reste que nous observons et qui donne aux choses leurs couleurs. La spectrographie, c'est-à-dire l'analyse fine des « couleurs » de ces restes, nous apprend que les astres sont constitués des mêmes atomes que nous.

— En somme, c'est par leurs ombres que vous repérez et analysez ces objets célestes ?

A. V.-M. — En quelque sorte : par les variations de leur luminosité en fonction de leur couleur. C'est cette information que nous appelons le « spectre » de l'objet céleste observé. Mais il ne faut pas en avoir peur... Vous avez déjà vu le spectre du Soleil sans être effrayé, et, bien au contraire, sous une pluie d'orage, il vous est parfois apparu sous la forme d'un merveilleux arc-en-ciel. Dans ce cas, ce sont les gouttes de pluie qui ont fait office de révélateur, ou encore de spectrographe. Pour mieux percevoir cette décomposition de la lumière, remplaçons-la par des sons. A chaque couleur de l'arc-en-ciel, associons une note de musique : rouge-*do*, orange-*ré*, jaune-*mi*, vert-*fa*, bleu-*sol*, indigo-*la*, violet-*si*. Allongez-vous maintenant nonchalamment sur le clavier d'un piano, vous produirez sans le vouloir une sorte d'accord qui est l'équivalent d'une « couleur ». Si vous appuyez bien équitablement sur toutes les notes, vous faites du « blanc ». Si vous ne touchez pas au clavier, vous faites du « noir ». Le Soleil contient dans son spectre beaucoup de *mi*, mais aussi un peu des autres « notes ». L'accord qui correspond à la lumière du Soleil est donc « jaune ». Quand il se couche, on le voit à travers une grande épaisseur d'atmosphère terrestre qui, en l'occurrence, absorbe beaucoup plus les « notes » les plus aiguës. L'atmosphère, quoique lointaine et à plusieurs dizaines de kilomètres au-dessus de nos têtes, se révèle ainsi, et le spectre absorbé du Soleil nous apparaît alors beaucoup plus proche d'un *do*. Le soleil couchant devient de cette manière plus sombre, et surtout plus « rouge ».

De la même façon, chaque objet qui s'interpose entre l'étoile et nous, aussi éloigné soit-il, absorbe un peu de la lumière qu'elle nous envoie et transforme son spectre. Il nous parvient plein de « trous », comme si des « notes » manquaient. L'image que nous en recevons fait penser à un peigne, dont chacun des « trous » serait une « dent » qui correspondrait à l'« ombre » de l'un des objets rencontrés par la lumière. Dans ces ombres, nous trouvons des informations sur la composition chimique de cet objet, sa température, son mouvement. Toutes ces informations nous permettent en outre de mesurer très précisément le mouvement de l'étoile elle-même, par rapport à nous. Si l'étoile se rapproche, chaque atome de l'étoile se rapproche et sa « couleur » devient plus « aiguë ». Son spectre se modifie légèrement : elle devient plus « bleue ». Si, au contraire, elle s'éloigne, elle devient plus « rouge ».

— *Pouvez vous voir le mouvement de chaque atome ?*

A. V-M. — Oui, il est possible d'observer collectivement chaque atome.

— *Chaque atome ? On croit rêver !*

— A. V.-M. — Mais oui ! Chaque atome a sa signature. Chaque atome est une sorte de caisse de résonance qui vibre à sa propre longueur d'onde, à sa propre lumière, à son propre « son ». De même qu'une note diffusée près d'un piano fait vibrer une corde bien précise à l'unisson, la lumière émise par l'étoile, en traversant ce nuage plein d'atomes, va faire vibrer chaque « atome-corde » en résonance, selon la longueur d'onde qui lui correspond exactement. On arrive ainsi à analyser de manière incroyablement fine un milieu qui se trouve à des années-lumière.

Bien sûr, ces mesures doivent atteindre une précision extraordinaire pour nous renseigner sur l'éventuel balancement de l'étoile par rapport à nous. Pour vous donner une idée, le Soleil, lui non plus, n'est pas fixe. Il est influencé, entre autres, par Jupiter, qui lui inflige un balancement tous les douze ans environ.

Quand Jupiter est d'un côté, il attire le Soleil vers lui à une vitesse de treize mètres par seconde. Quand il passe de l'autre côté, le Soleil fait le mouvement inverse. Si le Soleil avait la taille d'une orange, cela correspondrait à un léger frémissement d'avant en arrière autour d'un point de la surface de l'orange.

— Donc, un observateur lointain, à condition d'avoir une grande patience, pourrait repérer tous les douze ans ce balancement du Soleil — et en déduire l'existence d'une planète comme Jupiter ?

A. V.-M. — Exactement. Nous avons, de plus, une idée assez précise de ce que doit être la masse minimale d'une planète pour produire un tel balancement. Bien entendu, si son orbite est proche de l'étoile, elle pourra produire le même mouvement avec une masse plus faible, mais surtout dans un temps beaucoup plus court.

— Et vous avez tout de suite trouvé une planète autour de Bêta Pictoris ?

A. V.-M. — Absolument pas ! En fait, c'est une longue histoire. En bref, sachant que le disque est vu par la tranche, je me suis dit qu'en observant patiemment la lumière de l'étoile pendant un temps assez long, s'il y avait des planètes dans le disque, nous avions toutes les chances d'en voir passer une entre l'étoile et nous. Il suffisait d'un tout petit télescope de quelques dizaines de centimètres pour faire ce travail. Ce qui était important, c'est que l'observation soit continue. Il se trouve qu'à ce moment-là un nouvel étudiant, Christian Nitschelm, en visite à l'Observatoire de Genève, m'a parlé d'un télescope dont les astronomes de cet observatoire disposaient au Chili et qui serait capable de faire de telles observations. Il a proposé de s'y rendre pour se charger de cette campagne de recherches. Il a donc scruté Bêta Pictoris nuit après nuit, mais sa luminosité ne variait presque pas. Cependant, il a découvert aussi que cette étoile avait connu une variation très bizarre et très importante le 10 novembre 1981. En fait, il avait retrouvé dans les archives de l'Observatoire de Genève les traces d'une observation continue de cette étoile entre 1979 et 1981.

Etonnante coïncidence ! Pourquoi l'avait-on observée à l'époque ? Figurez-vous que Bêta Pictoris était alors considérée comme une étoile standard, justement parce qu'elle paraissait très stable : on l'utilisait comme référence pour mesurer la luminosité des étoiles variables. Et puis un beau jour, une belle nuit plutôt, le 10 novembre 1981, cette étoile standard, modèle de stabilité, s'était mise à varier de manière incongrue. Ceux qui étudiaient les étoiles variables à cette époque se sont dit : qu'est-ce que c'est que cette étoile standard qui varie ? Et ils l'ont tout simplement retirée de la liste de leurs étoiles de référence.

— *Sans se poser de questions ?*

A. V.-M. — Non, mais cela se comprend parfaitement car à l'époque leurs objectifs étaient très différents des nôtres. En 1981, on ne se posait pas du tout la question des planètes, en tout cas, pas de cette façon.

— *A l'époque, il y a à peine vingt ans, on avait donc encore une conception du monde selon laquelle il n'existait qu'un seul système planétaire ?*

A. V.-M. — Non, on imaginait bien qu'il devait y en avoir d'autres, mais il semblait impensable, à l'époque, d'être le témoin de l'occultation d'une étoile par une planète. Ce phénomène est en effet extrêmement rare. Si l'on observait les étoiles au hasard, il y aurait environ une chance sur un million de le voir ! C'est comme si vous vouliez repérer quelqu'un qui cligne de l'œil dans une foule qui couvrirait les

Champs-Elysées de l'Etoile à la Concorde ! Ils se sont dit, raisonnablement : ce n'est pas la peine de chercher une aiguille dans une botte de foin, ce phénomène, observé le 10 novembre 1981, n'est qu'une des étrangetés que l'Univers nous réserve, voilà tout. Et ils ont poursuivi leurs recherches. En tous cas, grâce à eux, et à d'autres éléments indépendants concernant ce système que maintenant nous connaissons bien, nous savons que l'observation d'une telle occultation était beaucoup plus probable. Nous pensons aujourd'hui qu'il y a de fortes chances pour qu'une ou même plusieurs planètes gravitent autour de l'étoile Bêta Pictoris.

— *Que s'est-il donc passé le 10 novembre 1981 dans le système de Bêta Pictoris ?*

A. V.-M. — Une baisse de la lumière stellaire pendant quelques heures. Avec Alain Lecavelier des Etangs, notre étudiant dernier arrivé, nous avons montré que cette baisse pouvait être expliquée par le passage d'une planète un peu plus grosse que Jupiter, ou dotée d'un anneau comme Saturne. Imaginez à nouveau l'étoile ramenée à la taille d'une orange : une telle occultation serait produite par une planète de la taille d'un petit pois qui passerait devant.

Cependant, pour être complet, il faut dire que nous avons eu du mal à interpréter un phénomène qui s'est produit à deux reprises juste avant et juste après le passage de la « planète » : une montée suivie d'une baisse de l'intensité lumineuse. Peut-être que, dans le disque de poussières qui entoure Bêta Pictoris, cette « planète » a créé autour d'elle une sorte de vide ; l'arrivée de ce vide devant l'étoile expliquerait qu'elle brille alors un peu plus. Ou alors, comme nous l'a suggéré l'astrophysicien néerlandais Henny Lamers, nous avons plutôt assisté au passage d'une énorme comète devant l'étoile : l'augmentation de luminosité observée serait due à la queue de cette comète.

— *Vous semblez très perplexe à ce sujet...*

A. V.-M. — Oui, parce que cette montée puis cette baisse de la luminosité de l'étoile quelques jours avant et après l'occultation proprement dite n'était pas ce que nous attendions. Certains ont cru pouvoir en tirer argument pour dire : finalement, non, ce n'était pas une planète ! Il y a toujours des sceptiques. En fait, les surprises sont pleines d'enseignements : nous avons au contraire, je crois, la chance d'avoir découvert un événement original qui nous en apprendra sûrement beaucoup sur la formation d'un système planétaire, même si pour le moment nous ne le comprenons pas complètement.

— *Comment un disque de poussières devient-il un système planétaire organisé ?*

A. V.-M. — Les grandes lignes sont probablement les suivantes : dès que se forme autour d'une étoile un disque de gaz et de poussières, celles-ci tendent à s'agglomérer en grains, puis en blocs de plus en plus gros — jusqu'à quelques kilomètres de diamètre. Ces blocs vont s'entrechoquer, et certains d'entre eux finiront par s'agglomérer suffisamment pour attirer les gaz errants et former d'énormes planètes gazeuses comme Jupiter. Ensuite, tous les blocs de tailles intermédiaires restant dans le système vont peu à peu être récupérés, soit par une planète gazeuse, soit par l'étoile, soit par des blocs de taille relativement plus importante. Ces derniers formeront finalement de petites planètes du type de la Terre. Le système de Bêta Pictoris est passionnant à observer, car il est au milieu de cette phase très agitée : beaucoup d'astéroïdes et de comètes sont encore errants et forment peut-être, en ce moment même, de nouvelles « terres ».

— On compare souvent les grosses planètes à des aspirateurs. Est-ce justifié ?

A. V.-M. — En effet, soit elles aspirent les poussières, soit elles les projettent vers l'étoile, soit elles les dévient et les expédient en dehors du système. Une grande quantité de poussières est donc éjectée dans l'espace interstellaire. Ce qui veut dire que certaines météorites qui arrivent chez nous proviennent peut-être d'autres systèmes planétaires. Vous savez, beaucoup de gens n'ont pas encore réalisé l'importance de cette découverte : l'existence avérée d'une seule planète, relativement proche de nous, et maintenant de plusieurs dizaines d'entre elles, a multiplié tout d'un coup par plusieurs milliards la probabilité qu'il existe, quelque part, dans notre Galaxie, un autre monde habitable ! Nous ne regarderons plus jamais le ciel de la même façon.

— S'il y a vraiment des milliards de planètes dans notre Galaxie, cela signifie-t-il que nous avons de grandes chances d'y trouver de la vie ?

A. V.-M. — On pourrait le penser. D'autant plus que notre Système solaire et notre planète n'ont vraiment rien d'original. Nous sommes même dans un environnement terriblement banal. Prenons la planète Terre : est-elle la plus proche du Soleil ? la plus lointaine ? Pas du tout, elle est à mi-chemin. Sommes-nous sur la plus grosse planète, ou sur la plus petite ? Ni l'un ni l'autre. La plus grosse est Jupiter, la plus petite est Mercure.

Cherchons encore ce que nous avons de spécial. Tournons-nous autour d'une étoile magnifique, extraordinaire ? Nullement. Le Soleil est une étoile assez moyenne. Est-il très jeune, ou bien excessivement vieux ? Non, il a quatre milliards et demi d'années, et il va durer encore cinq milliards d'années. Il est au milieu de sa vie. Et notre Galaxie, alors ? Sommes-nous juste en son centre, ou à l'extrême bord ? Non, nous sommes dans le deuxième tiers de la Galaxie, dans la moyenne. Notre Galaxie est-elle exceptionnelle ? Non, elle ne fait pas partie des géantes elliptiques ni des minuscules naines irrégulières. C'est une galaxie très ordinaire. Alors, on se dit : où est le miracle, où est l'extraordinaire originalité ? Si notre situation est tellement banale, les conditions de la vie peuvent se retrouver partout. Et, puisque nous savons maintenant qu'il y a de nombreuses planètes, nous avons tendance à être encore plus optimistes.

— *N'y a-t-il pas une distance idéale par rapport à l'étoile pour qu'une planète soit habitable ?*

A. V.-M. — En effet, c'est ce qu'on appelle la zone d'habitabilité. En principe, il vaut mieux ne pas être trop près de l'étoile, parce qu'il fera trop chaud, ni trop loin, parce que tout sera si froid qu'il ne se passera plus rien. C'est sans doute le cas sur Titan, un satellite de Saturne, sur lequel il y a une atmosphère d'azote et de gaz carbonique comparable à l'atmosphère primitive de la Terre. La Nasa et l'ESA ont d'ailleurs envoyé vers Titan la sonde Cassini-Huygens, qui devrait permettre d'étudier un milieu semblable à celui de nos origines où le froid a peut-être tout conservé en l'état...

La Terre, elle, se trouve en orbite à une distance raisonnable du Soleil, ce qui lui a permis d'avoir des océans à l'état liquide pendant toute son existence — pendant des milliards d'années ! Est-ce que cela aurait été le cas si la Terre avait été placée un peu plus près, ou un peu plus loin ? Des modèles mathématiques représentant l'évolution d'une atmosphère montrent qu'il aurait suffi qu'elle soit légèrement plus proche du Soleil pour que les océans se mettent à bouillir et s'évaporent complètement en laissant sur Terre une surface désolée comme celle de Vénus. Alors que si l'on éloignait légèrement la Terre du Soleil les océans gèleraient. Comme la Terre serait couverte de glaces, elle réfléchirait beaucoup mieux la lumière du Soleil et se refroidirait donc encore plus. La Terre semble ainsi naviguer sur une corde raide, en équilibre entre deux catastrophes tout aussi épouvantables l'une que l'autre...

— *Les conditions d'apparition de la vie sur la Terre seraient donc, en fait, très particulières, restrictives, exceptionnelles ?*

A. V.-M. — C'est probable, mais rappelez-vous ceci : il y a cent cinquante milliards d'étoiles dans notre Galaxie. Si elles ont presque toutes des planètes, c'est bien le diable s'il n'y a pas un système sur mille, c'est-à-dire des millions, où une planète présenterait des conditions favorables au développement de la vie.

— *Quelle est la proportion d'étoiles dont on pense qu'elles sont dotées d'un système planétaire ?*

A. V.-M. — Environ une sur deux. Pour pondérer notre enthousiasme, acceptons de retenir un rapport de un sur dix, ce qui reste considérable.

— *Combien en connaissons-nous ?*

A. V.-M. — Il y a encore un an, on en avait découvert une petite vingtaine. Aujourd'hui, nous approchons de la trentaine, et, comme je l'ai dit, cette pluie de planètes ne cesse de grossir. Les moments les plus marquants de ces découvertes de planètes, détectées de façon indirecte par l'infime balancement d'avant en arrière qu'elles imposent à leur étoile, ont été les suivants : les Suisses Michel Mayor et Didier Queloz ont découvert la première planète en 1995, autour de l'étoile 51 Pégase, celle-ci étant semblable à notre Soleil. Les Américains Paul Butler et Geoffrey Marcy ont ensuite permis de découvrir de nombreuses autres planètes gravitant autour d'étoiles et, en particulier, en 1999, le premier système planétaire en dehors du nôtre, formé de trois planètes géantes en orbite autour de l'étoile Upsilon d'Andromède. De nombreux astronomes contribuent à ces découvertes, parmi lesquelles il faut signaler celle d'une planète, décelée en 1998 par une équipe franco-suisse autour de l'étoile Gliese 876. Or, il s'agit d'une étoile de très petite masse, semblable à l'écrasante majorité de celles qu'on trouve dans notre Galaxie. Les systèmes planétaires présents autour de telles étoiles sont donc, sans doute, presque aussi nombreux qu'elles... Ces recherches fructueuses nous ont appris l'extraordinaire diversité des systèmes planétaires, et, comme toujours, les nouvelles observations imposent des remises en question. Parmi les surprises de taille, nous avons constaté que des planètes géantes pouvaient graviter à une très faible distance de leur étoile et que les orbites planétaires ne sont pas forcément quasi circulaires, leçons que nous avions cru pouvoir tirer de l'unique exemple — notre Système solaire — que nous connaissions jusqu'ici.

— En somme, vous avez toutes les raisons de penser qu'il y a des planètes autour de Bêta Pictoris et de nombreuses autres étoiles, mais vous ne les avez jamais vues. Etes-vous sûr qu'il ne s'agit pas d'une erreur ?

A. V.-M. — Il est vrai que cette méthode de détection par le balancement de l'étoile d'avant en arrière est indirecte. On ne voit pas vraiment la planète, mais plutôt son action sur l'étoile centrale. Certains sont restés longtemps sceptiques, imaginant d'autres mécanismes capables de simuler un comportement semblable des spectres stellaires, par exemple par le biais d'une sorte de respiration de l'atmosphère stellaire, très régulière, qui pourrait laisser croire à un mouvement d'avant en arrière de l'étoile. Cependant, il vient de se produire, à la fin de l'année 1999, un événement d'une importance considérable. Une planète, trouvée autour de l'étoile HD 209 458, a été détectée indirectement par plusieurs équipes d'observateurs, puis repérée à nouveau, de façon directe, lors de son passage devant l'étoile les 9 et 16 septembre 1999, exactement au moment où elle était attendue. Elle a produit une occultation semblable à celle observée dans le cas de Bêta Pictoris le 10 novembre 1981. Cette double preuve a balayé définitivement les doutes des derniers sceptiques, s'il en restait. La détection par deux méthodes indépendantes donne en outre accès au calcul précis de la masse et de la taille de la planète.

Nous savons donc maintenant que ce sont bien des planètes qui ont été découvertes par la méthode indirecte. Nous savons aussi que ces planètes ne sont pas trop exotiques puisque celle qui gravite autour de HD 209 458 est gazeuse et très peu dense, et se classe dans la moyenne de nos « planètes géantes » — probablement assez semblable à Saturne. Puisque nous publions ce livre en pensant au IIIe millénaire, devant la similitude des occultations observées dans le cas de Bêta Pictoris et de HD 209 458, je prends aujourd'hui le pari devant le tribunal de l'Histoire que le jour (prochain) où nous disposerons des instruments capables de détecter directement des planètes autour d'autres étoiles, nous saurons ce qui s'est vraiment passé le 10 novembre 1981 devant l'étoile Bêta Pictoris.

UN SEAU PLEIN D'ÉTOILES

— *Jusqu'en 1984, on n'avait vraiment rien observé qui puisse faire penser qu'il existe d'autres systèmes planétaires ?*

A. V.-M. — Soyons justes : la question était posée depuis longtemps. Le pionnier de ces recherches fut l'astronome néerlandais Peter Van de Kamp. Avec quarante ans d'avance, il avait compris qu'une planète en orbite autour de son étoile devait en modifier légèrement la course sur le fond du ciel. De cette façon, de nombreuses étoiles doubles avaient d'ailleurs déjà été découvertes. Le compagnon de Sirius, une naine blanche, avait ainsi été identifié bien avant que l'on puisse l'observer. Cependant, une planète est plus de mille fois moins massive qu'une étoile, et sa perturbation est donc bien moindre. Si l'on observe attentivement le mouvement d'une étoile dans le ciel, disait Van de Kamp, on la verra tout de même se balancer, quoique de manière infinitésimale. Tout résidait dès lors dans la précision des mesures. Van de Kamp pensait avoir atteint une telle spécification et croyait, par conséquent, avoir découvert plusieurs systèmes planétaires, notamment un système formé de plusieurs planètes autour d'une étoile très proche, l'étoile de Barnard. Ses données étaient malheureusement insuffisantes, mais son intuition et ses efforts sont exploités aujourd'hui à grande échelle.

Il faut sans doute citer aussi le précurseur de la méthode qui a donné les premiers fruits de cette quête, celle du balancement de l'étoile d'avant en arrière : Bruce Campbell, astronome canadien, qui, dès les années 1980, essayait de détecter ainsi des planètes depuis le télescope canadien-français-hawaïen installé au sommet d'un volcan à Hawaï.

— *On les considérait comme des farfelus ?*

A. V.-M. — Oh non, pas du tout, ce sont des observateurs très rigoureux ! Mais, vous savez, on a toujours un peu tendance à trouver ce qu'on cherche, surtout si les données ne sont pas de qualité suffisante. C'est pour cela qu'il est bon que le débat scientifique soit toujours ouvert, qu'il y ait des sceptiques. Il n'y a pas de recherche scientifique sans débats contradictoires. Ce n'est qu'au terme de longs affrontements que les certitudes apparaissent. Si, de plus, il est possible d'obtenir des confirmations par des méthodes complètement indépendantes, comme dans le cas de la planète autour de HD 209 458, alors, c'est gagné... ou presque, car parfois la nature nous tend des pièges diaboliques. Dans le cas de Van de Kamp, ses découvertes ont été controversées pendant longtemps pour finalement être rejetées. Il ne s'est donc finalement rien produit de décisif jusqu'au lancement du satellite à infrarouge IRAS par les Néerlandais, les Britanniques et les Américains, en 1983.

— *Un an avant la découverte du disque de Bêta Pictoris ?*

A. V.-M. — En effet. Les observations du satellite IRAS allaient ouvrir la voie à toutes les recherches actuelles dans ce domaine. C'est grâce à elles que l'on a appris l'existence de poussières autour de Bêta Pictoris, entre autres. Comment cela ? Le satellite IRAS a établi, pour la première fois, la carte du ciel dans l'infrarouge. Et il a trouvé « trop » de lumière !

— *Trop de lumière ?*

A. V.-M. — Oui, on a eu la surprise de constater que 30 % des étoiles observées émettaient plus de lumière que prévu dans cette longueur d'onde. Véga, par exemple, dans la constellation de la Lyre, produisait ce rayonnement non identifié — c'est pourquoi on l'a baptisé le « phénomène Véga ». Mais d'où venait ce surcroît de luminosité ? On a émis l'hypothèse que ces étoiles devaient être entourées de poussières assez froides, qui émettaient cette lumière très particulière. De là à imaginer ces poussières sous la forme d'un système planétaire, il n'y avait qu'un pas... C'était le premier indice solide.

— *Qu'est-ce que l'infrarouge ?*

A. V.-M. — Observer les couleurs permet d'évaluer bien des choses, comme on l'a déjà vu, et, entre autres, la température. La fenêtre de la lumière visible, c'est-à-dire les couleurs de l'arc-en-ciel — en alexandrin, on peut les réciter dans l'ordre : « Violet, indigo, bleu ; vert, jaune, orange et rouge » —, ne représente qu'une seule gamme sur le clavier de notre piano. La gamme au-dessus, dans les aigus, est au-delà du violet. On l'appelle l'ultraviolet. Celle d'en dessous, dans les graves, est juste avant le rouge, et on l'a baptisée infrarouge. Plus une étoile est chaude, plus la lumière qu'elle émet contient de l'énergie, plus elle est dans les « aigus » et tend vers le bleu, le violet, ou même l'ultraviolet. Elle émet alors de façon presque semblable toutes les couleurs de l'arc-en-ciel, et, comme sur un piano qui ferait entendre toutes ses notes avec une égale intensité, elle paraît finalement d'un blanc bleuté. Les étoiles les plus chaudes nous apparaissent donc bleu très pâle. En revanche, plus elles sont froides, moins leur lumière a d'énergie, plus elles deviennent « graves » et donc rouges. Les étoiles les plus froides sont rouges.

— *C'est un peu difficile à comprendre, car nous avons l'habitude d'associer la couleur rouge à celle du feu...*

A. V.-M. — Il est vrai que le feu est plutôt rouge. Il n'est « que » rouge, en fait, parce qu'il n'est pas si chaud que ça. D'ailleurs, ne dit-on pas qu'un fer est chauffé au rouge quand il est chaud, et chauffé à blanc quand il est encore plus chaud ? Les poussières, elles, bien plus froides que les étoiles, émettent une lumière encore plus « grave » que le rouge, dans l'infrarouge, parfois même dans l'octave en dessous, l'infrarouge lointain. C'est dans cette « couleur » infrarouge, invisible à l'œil nu, que les poussières autour des étoiles se sont révélées dans la carte du ciel du satellite IRAS.

— *Jusqu'à présent, tous les systèmes planétaires observés se trouvent bien à l'intérieur de notre Galaxie ?*

A. V.-M. — Oui, toutes ces observations sont assez proches de nous, à moins de deux cents années-lumière, et concernent des étoiles assez brillantes, pratiquement toutes visibles à l'œil nu.

— *Deux cents années-lumière, pour vous, ce n'est pas grand-chose...*

A. V.-M. — Non, c'est tout petit dans la Galaxie. Prenez les cent cinquante milliards d'étoiles de notre Galaxie, et changez-les en cent cinquante milliards de grains de sable. Vous avez un tas de sable qui remplit votre salon. Combien de grains de sable correspondent aux étoiles jaunes analogues au Soleil ? Un seau plein. Combien d'étoiles voyons-nous à l'œil nu, par une belle nuit d'été ? Une cuillère à café !

— *C'est peu, mais c'est beaucoup !*

A. V.-M. — Au début, par analogie, les astronomes ont cherché des systèmes planétaires autour d'étoiles jaunes semblables au Soleil. Ils ont observé une infime pincée d'étoiles jaunes dans la cuillère à café, les ont passées au peigne fin, et, en effet, plusieurs systèmes planétaires ont été découverts. Ils se sont dit qu'ils avaient bien fait de chercher là. Ils en ont déduit que peut-être toutes les étoiles jaunes du seau ou, du moins, une bonne partie d'entre elles étaient, elles aussi, entourées de systèmes planétaires. Et puis un jour, comme je vous le disais, on a trouvé un système planétaire autour d'une toute petite étoile froide (rouge), Gliese 876. Et cette découverte a tout changé.

— *Pourquoi ?*

A. V.-M. — Parce que cette étoile a une très petite masse, un tiers de celle du Soleil, et qu'elle est assez proche de nous, à quinze années-lumière environ. Or, dans notre Galaxie, les petites étoiles sont de loin les plus nombreuses : près de 80 % du tas de sable. Ce n'est plus un seau d'étoiles jaunes qui contient les systèmes planétaires de notre Galaxie, mais le tas qui remplit votre salon tout entier !

— *Le fait de trouver une planète autour d'une petite étoile si proche a-t-il modifié les probabilités ?*

A. V.-M. — Aujourd'hui, on pense qu'une étoile sur deux pourrait être dotée d'un système planétaire... Avant ces découvertes, beaucoup de gens étaient persuadés qu'il existait d'autres systèmes planétaires dans l'Univers, et que les étoiles naissaient entourées d'un disque de poussières. Mais personne n'en avait la preuve. Depuis, un pas énorme a été franchi. Nous savons comment les étoiles naissent, et nous les voyons évoluer, nous voyons apparaître les systèmes planétaires, et maintenant nous détectons les planètes elles-mêmes. Nous ne sommes plus dans le domaine des suppositions. Nous savons désormais que les systèmes planétaires se comptent par milliards dans la Galaxie.

Le mystère des pulsars

— *Quelles sont les autres régions du ciel où l'on pense avoir découvert des planètes ?*

A. V.-M. — En 1992, là où on ne les attendait pas du tout, on a trouvé des planètes autour d'un pulsar, à deux mille années-lumière de la Terre. Tout le monde était stupéfait parce que les pulsars sont des étoiles mortes qui ont terminé leur vie après avoir explosé en supernova. C'est l'aboutissement programmé de toutes les étoiles de grande masse qui, en fin de vie, s'effondrent sur elles-mêmes puis rebondissent sur leur cœur de fer en une gigantesque explosion qu'il est difficile d'imaginer. Pendant quelques mois, l'étoile devient aussi brillante que l'ensemble des étoiles de la Galaxie ! On pensait donc que, s'il y avait un système planétaire autour d'une telle étoile, il avait dû être éjecté ou se volatiliser au cours de l'explosion, ne laissant rien en orbite autour du pulsar. C'était le dernier endroit dans l'Univers où nous serions allés chercher des planètes ! Et voici qu'un jour, en 1991, en observant les impulsions qu'ils en recevaient, deux observateurs se sont rendu compte que leur pulsar avançait et reculait. Ce balancement semblait indiquer la présence d'un objet en orbite, sans doute une planète.

— *Comment sait-on qu'il s'agit d'une planète et pas d'une naine brune, ou d'un autre objet sombre ?*

A. V.-M. — Nous connaissons la masse du pulsar et l'intensité du balancement : nous pouvons en déduire la masse de l'objet. Mais, il faut tout de même le préciser, cette première découverte d'une planète autour d'un pulsar, qui a tellement bouleversé les esprits, était en fait une erreur !

— *Cela dut être une grande déception !*

A. V.-M. — Oh, vous savez, les erreurs sont souvent très instructives. Elles aident à penser autrement. Celle-là a servi à faire admettre l'idée qu'il pouvait y avoir des planètes autour des pulsars. L'idée a fait son chemin, les observations se sont poursuivies, et un an plus tard, en 1992, Alexander Wolszczan et David Frail ont découvert un système de trois planètes autour d'un pulsar à mille cinq cents années-lumière, dans la constellation de la Vierge. Pour deux d'entre elles, qui ont une masse analogue à celle de la Terre, nous avons une quasi-certitude. Pour la troisième, comparable à la Lune, il subsiste quelques doutes.

— *Un pulsar émet-il de la lumière ?*

A. V.-M. — Très peu, et très difficile à détecter. En revanche, il émet un *pulse* (« pouls » en anglais), d'où son nom. C'est un système au champ magnétique très intense et qui envoie un faisceau de lumière extrêmement focalisé, un peu comme un phare lorsqu'il balaie le ciel en tournant sur lui-même. Et, chaque fois que ce faisceau passe devant nous, nous percevons un « bip ». C'est par les observations des radioastronomes, dans une « gamme » quelques octaves encore plus « graves » que celle de l'infrarouge, dans une « couleur » baptisée « radio », qu'ils ont été découverts. En entendant ces bips incroyablement réguliers — longtemps, les horloges sur la Terre ont été moins précises que les pulsars —, ils ont cru qu'il s'agissait d'un message codé... le message tant attendu...

— *En fait, d'après ce que vous dites, il est peu probable qu il y ait de la vie sur ces planètes, compte tenu du fait que les pulsars émettent très peu de lumière en dehors de ce faisceau ?*

A. V.-M. — Oui, l'énergie reçue l'est surtout sous forme de rayons X, c'est-à-dire d'une lumière qui serait d'une « couleur » plus « aiguë » que celle du Soleil, plus « aiguë » que les ultraviolets eux-mêmes, et donc, en principe, peu propice à la vie. Mais on a cherché à calculer l'apport d'énergie du rayonnement de ce pulsar à la surface de ces petites planètes. Et, curieusement, on aboutit à peu près à la même quantité d'énergie que celle qui est envoyée par le Soleil à la surface de la Terre. C'est une simple coïncidence, il ne faut certes pas en tirer de conclusions. Mais c'est amusant.

— *On pourrait alors imaginer que les habitants de ces planètes auraient un soleil qui les éclairerait par flashes ?*

A. V.-M. — Je me suis en effet posé cette question : si j'étais sur cette planète et que je regardais mon soleil-pulsar, que verrais-je ? Probablement rien du tout : un pulsar c'est très compact, comme un soleil réduit à une dizaine de kilomètres. Un soleil de cette taille serait minuscule, à peine un point dans l'espace. Il apparaîtrait comme une étoile brillante dans le ciel. Mais je verrais peut-être ces deux pinceaux de lumière fantastique.

— *Deux faisceaux ?*

A. V.-M. — Oui, ils rayonnent dans deux directions opposées.

— *Comme un gyrophare ?*

A. V.-M. — C'est cela. Ces pinceaux de lumière qui partent dans deux directions tournent sur eux-mêmes à toute vitesse : mille fois par seconde ! Beaucoup plus vite qu'un gyrophare ! Cela veut dire qu'en fait la persistance rétinienne nous empêcherait de détecter leurs mouvements. Ils nous apparaîtraient comme un double cône de lumière ouvert des deux côtés.

— *On peut penser que les habitants de ces planètes auraient une étrange perception du monde...*

A. V.-M. — Oui, mais y a-t-il de l'eau sur ces planètes, et tous les ingrédients de la vie ? C'est une autre affaire. Ce que nous savons, c'est que la composition de la matière autour de ces pulsars est probablement différente de celle de notre Système solaire, parce qu'ils sont les restes d'une explosion.

Le temps des atomes

— *Avons-nous la certitude que la vie ne peut pas apparaître ailleurs que sur une planète, par exemple sur une étoile ou un astéroïde ?*

A. V.-M. — Nous n'avons aucune certitude en la matière ! Nous essayons de suivre une démarche scientifique raisonnable, mais il n'est pas interdit de prendre des risques. Tant qu'il n'y a pas de preuves, toutes les hypothèses doivent être examinées. Il est tout à fait permis de se tromper, et de persister dans une erreur, voire de se battre pour la défendre — jusqu'au jour où nous aurons la preuve qu'elle est fausse. Ce jour-là, nous y renoncerons sans regrets. La recherche a mille facettes, mais elle consiste toujours à avancer dans l'inconnu.

— *Vous-même, vous alliez prudence et audace dans votre recherche ?*

A. V.-M. — Forcément ! Si on est trop audacieux, on risque de tomber dans le délire, dans l'affectif : on ne trouve plus que ce que l'on cherchait, et l'on défend sa vision des choses sans preuves véritables ; cela relève de la religion, non de la recherche. En revanche, l'audace d'un moment peut ouvrir de nouvelles voies, à condition de se remettre sans cesse en question : qu'est-ce qui est solide là-dedans ? Et l'on fait soi-même le tri.

— *Pour en revenir à l'exemple des planètes, la démarche la plus prudente consiste donc à dire : imaginons que nous trouvions des formes de vie comparables à la nôtre, donc, sur une planète...*

A. V.-M. — Oui, car la seule forme de vie que nous connaissions est née sur cette planète, et elle est fondée sur la chimie du carbone. Mais, dans le tableau de Mendeleïev, le carbone se trouve juste au-dessus du silicium, qui a, en gros, les mêmes propriétés ; certains se sont demandé si l'on pouvait concevoir une chimie à base de silicium... On peut aussi donner de la vie une définition large, qui englobe les êtres vivants tels que nous les connaissons, mais aussi d'autres formes imaginables. C'est ainsi que l'astrophysicien anglais et auteur de science-fiction, Fred Hoyle, a imaginé dans son roman, *Le Nuage noir,* un être interstellaire vivant, organisé de telle sorte qu'il parvient à se déplacer d'étoile en étoile en éjectant des gaz et à se recharger en allant pomper leur énergie...

— *Fred Hoyle, c'est le fameux détracteur du big-bang...*

A. V.-M. — En effet ! C'est d'ailleurs lui qui a inventé l'expression big-bang, pour se moquer de cette nouvelle théorie, et puis le terme est resté. Dans ses pérégrinations à travers l'Univers, le gros nuage arrive donc sur notre Soleil, se colle dessus et se met à aspirer son énergie. Il ne se rend pas compte que non loin de là, sur la Terre, une civilisation est en train de mourir parce qu'elle n'a plus de lumière. Finalement, des humains arrivent à prendre contact avec lui pour l'alerter. Le gros nuage est très étonné de s'apercevoir qu'il y a sur une si petite planète des êtres insignifiants et pourtant capables de penser... S'ensuit un passionnant dialogue interculturel, un véritable échange, en particulier par l'intermédiaire de la musique. A la fin, le nuage noir, très ému, accepte de repartir jusqu'à l'étoile suivante et de laisser les hommes vivre...

— *Il paraît que l'on a déjà trouvé des molécules organiques dans les nuages interstellaires...*

A. V.-M. — Il ne suffit pas de trouver des molécules organiques pour dire qu'on a trouvé de la vie. Mais pourquoi pas ? Certains pensent que la vie, c'est-à-dire la chimie organique, s'est formée au cœur des comètes, dans le milieu interstellaire : les comètes contiennent de l'eau, qui protège aussi des rayons cosmiques, et elles ont tout le temps devant elles... S'il y a une chose dont l'Univers ne manque pas, c'est de temps ! Or avec le temps, tout peut arriver.

— *C'est le maître absolu.*

A. V.-M. — Vous ne croyez pas si bien dire ! Et les spéculations ne manquent pas sur ce que pourrait être une forme de vie à l'échelle atomique. En voici un exemple. Cette idée peut sembler délirante, mais rien n'interdit de s'amuser. Nous savons que le noyau d'un atome est un assemblage de neutrons et de protons soudés par la force nucléaire. Or ces noyaux peuvent grossir jusqu'à un certain point, mais, au-delà, ils deviennent instables et s'autodétruisent presque instantanément. C'est le trop célèbre phénomène de fission nucléaire. La conclusion s'impose d'elle-même : en un temps si court, jamais une structure assez complexe pour devenir vivante ne pourra se former. Mais voilà où le bât blesse : cette instabilité est toute relative. Le noyau n'est, en effet, instable que par rapport à notre échelle de temps. Mais le temps, vous le savez, est une chose magique. Pour faire un geste, il nous faut environ une seconde ; c'est pourquoi la seconde est une échelle de temps humaine. Mais, si nous avions la taille des noyaux atomiques, l'équivalent d'une seconde serait de l'ordre de 10^{-21} seconde (un dixième de dix milliardièmes de dix milliardièmes de seconde), ce qui est pour nous une durée infinitésimale, difficile même à concevoir.

— Donc, une seconde, pour un noyau atomique, c'est une éternité !

A. V.-M. — Absolument. Si j'avais la taille d'un noyau atomique, des durées de l'ordre de 10^{-15} seconde (un dixième de dix millionièmes de dix millionièmes de seconde) fonderaient la stabilité de mon univers et laisseraient peut-être le « temps » à des échafaudages nucléaires très complexe de se manifester. Pourquoi des formes de vie n'apparaîtraient-elles pas à cette échelle de grandeur, mais aussi à cette échelle de temps ?

— Cela fouette la pensée !

A. V.-M. — Vous voyez ? C'est passionnant, ce genre de spéculation, cela oblige à s'ouvrir l'esprit, à penser autrement. On a donc essayé d'imaginer une éclosion éphémère de la vie à l'échelle nucléaire. Après tout, à notre échelle, la vie est apparue sur Terre il y a quatre milliards d'années, et elle a pris tout ce temps pour évoluer jusqu'à notre civilisation élaborée. A l'échelle de temps de 10^{-21} seconde, combien de temps faudrait-il pour qu'une civilisation passe de l'état embryonnaire de la vie microbienne jusqu'à une civilisation élaborée ? Quatre milliards d'années, à cette échelle, cela fait moins d'un millième de seconde ! Imaginez des espèces qui apparaissent et disparaissent en une fraction de seconde, des dynasties qui se succèdent en un clin d'œil...

— Ils ne pourraient pas, eux non plus, avoir la moindre notion de notre présence, ni de notre échelle de temps...

A. V.-M. — En effet, le grand problème, si cette forme de vie existe, serait de trouver un moyen de communication. Ils nous prendraient pour des zombies complètement inertes, des statues figées... Certains ont imaginé aussi d'autres formes de vie à l'intérieur des cristaux ; dans la mesure où les structures cristallines se reproduisent, n'y aurait-il pas une vie à l'intérieur des solides ?

— *C'était la conviction des chamans de Lascaux. D'après le préhistorien Jean Clottes, leurs rituels avaient pour objet d'établir un contact avec les esprits qui vivaient à l'intérieur des parois rocheuses. Il faut citer aussi une phrase mystérieuse du poète Edmond Jabès : « L'intérieur de la pierre est écrit. »*

A. V.-M. — Bien entendu, tout repose sur la définition que l'on donne de la vie. Un biologiste vous le dirait évidemment mieux que moi. Disons, pour résumer, que l'on retient habituellement deux critères essentiels : la capacité de reproduction, d'une part, et une certaine autonomie par rapport au milieu extérieur, d'autre part. La cellule apparaît dès qu'elle construit sa membrane : dès lors, son fonctionnement interne se différencie du milieu dans lequel elle est plongée. Grâce à cet isolement, elle va pouvoir se perpétuer. A travers sa membrane, elle instaure une série d'échanges avec son environnement : elle s'en nourrit en faisant le tri entre ce qui lui convient et le reste. C'est ce tri qui lui permet de survivre. En même temps, elle devient capable de se reproduire, c'est-à-dire de fabriquer d'autres cellules. Mais ces deux critères pourraient s'appliquer à des formes de vie tout à fait nouvelles, robotiques, informatiques... Pourquoi se limiter aux nuages interstellaires, aux particules, aux cristaux ou à la chimie du carbone ?

— *Vous imaginez des robots vivants ?*

A. V.-M. — Vous savez, les progrès de l'informatique sont spectaculaires, mais en réalité nous n'en sommes qu'aux balbutiements. Les premières machines ont été construites il y a à peine cinquante ans... Nous n'avons encore rien vu ! Dans le domaine de l'intelligence artificielle, on fait déjà des prodiges. Il existe des systèmes robotiques capables de gérer certaines situations comportant un grand nombre d'aléas. J'ai vu à la télévision des matchs de football entre équipes de robots de différentes universités... Les constructeurs de logiciels sont passionnés par ce problème. Comment un robot peut-il acquérir la faculté de s'adapter, de modifier son programme en fonction de l'évolution d'une situation ? Cela ressemblerait beaucoup à l'intelligence, donc à la vie...

L'OCÉAN PRIMORDIAL

— *Carl Sagan, dans son livre* Cosmic Connection, *a donné un catalogue de toutes les formes de vie imaginables à son époque — dans les années 1970. Il démontait les préjugés un par un. Il disait : on croit que la vie n'est pas possible sur Vénus parce qu'il fait trop chaud, ni sur Jupiter parce que c'est une planète gazeuse, ni dans les nuages interstellaires... Dans chaque cas, il avançait des arguments pour montrer l'étendue de notre ignorance et la diversité infinie des possibles.*

A. V.-M. — Oui, mais il faut d'abord que la vie apparaisse. Le problème, c'est que nous ignorons tout des conditions initiales. Certains pensent que la vie a été importée sur la Terre par des comètes provenant de la ceinture de Kuiper.

— *Ce serait un argument en faveur de l'unité de la vie : les comètes ne sont pas tombées seulement sur la Terre, elles ont pu déposer des germes un peu partout, et la vie aurait eu toutes les chances de se développer selon la même formule en divers endroits...*

A. V.-M. — Oui, elles auraient tout saupoudré. Mais où la vie a-t-elle trouvé des conditions lui permettant de se survivre et de s'adapter ? Nous pensons que cela est peut-être arrivé sur Mars, car l'eau y coulait encore il y a environ un milliard d'années. Où est passée toute cette eau ? Il y a de fortes chances pour qu'elle soit en fait stockée sous la surface gelée, peut-être dans des poches souterraines, et certainement aussi près des pôles.

— *Elle ne s'est pas évaporée dans l'espace ?*

A. V.-M. — Sûrement aussi, en partie. Mais il doit en rester ! Il y a un milliard d'années, sur la Terre, la vie était déjà présente depuis plus de deux milliards d'années, l'atmosphère d'oxygène était constituée, et une multitude de formes existaient déjà. On peut très bien imaginer que, sur Mars comme sur la Terre, la vie s'est développée, puis qu'elle a atteint une situation critique et a éventuellement disparu... Mais il n'est pas exclu pour autant que l'on y trouve des formes de vie rescapées, dans de petites niches écologiques. Certains pensent que la présence de la Lune a joué un rôle décisif dans l'apparition de la vie sur la Terre. Pourquoi ? D'une part parce que la Lune provoque les marées, qui ont fait sortir l'eau des océans et permis la formation de lacs, dans lesquels les conditions ont été beaucoup plus favorables pour la constitution d'une soupe primordiale, parce qu'ils se sont successivement asséchés et remplis à nouveau. Telles sont les découvertes de l'exobiologie : l'eau est un milieu favorable à la formation de longues chaînes de molécules appelées polymères, mais aussi favorable à leur destruction. D'où l'importance des étangs desquels l'eau s'évapore mais où il reste de la vase humide.

L'autre facteur qui plaide pour l'influence de la Lune est qu'elle semble avoir stabilisé l'axe de rotation de la Terre. Si elle n'avait pas été là, l'axe de rotation aurait été beaucoup plus mobile, ce qui aurait provoqué des catastrophes inimaginables.

— *Des typhons, des raz-de-marée...*

A. V.-M. — Tous les systèmes vivants auraient été détruits.

— *C'est effrayant d'imaginer la Terre se renversant !*

A. V.-M. — Oui, et nous savons déjà que, malgré les multiples protections dont bénéficie la Terre, des catastrophes majeures — un impact de comète ou d'astéroïde — se produisent environ tous les soixante millions d'années. C'est un fait avéré : on a trouvé des impacts sur la Terre, des cratères de cent cinquante, deux cents kilomètres de diamètre... Chaque fois que cela se produit, la vie sur Terre est profondément bouleversée. Et parfois presque éradiquée. Mais il est toujours resté quelques formes de vie, et c'est reparti.

— *La vie devait être bien accrochée pour résister à des catastrophes pareilles !*

A. V.-M. — C'est vrai, mais inutile de tenter le diable ! Rien ne garantit qu'un astéroïde n'est pas en route vers nous. C'est pourquoi la Nasa a mis en place un programme de repérage de tous les astéroïdes dont la trajectoire pourrait couper l'orbite terrestre ; s'ils sont repérés assez tôt, on a l'espoir de parvenir à les dévier.

— *C'est le sujet du film* Armageddon, *avec Bruce Willis.*

A. V.-M. — Oui... Mais si l'on repère l'astéroïde quelques heures avant l'impact, ou même quelques jours, ce sera trop tard : nous serons confrontés à une masse énorme, impossible à dévier. En revanche, si on le repère cinquante ans avant l'impact, il suffira d'une pichenette pour modifier sa trajectoire.

— *Dans le Système solaire, y a-t-il d'autres planètes qui contiennent de l'eau ?*

A. V.-M. — Les trois plus gros satellites de Jupiter, Europe, Ganymède et Callisto, sont entièrement recouverts d'océans. Europe, surtout, semble réunir les conditions de la vie : il est assez proche de Jupiter pour être sans cesse déformé par des marées qui le réchauffent. Europe est un immense océan recouvert de glaces, à la surface très lisse, comme celle d'une boule de billard. Et cette glace est sans arrêt travaillée par des effets de marée. Sur son voisin, Io, ces marées provoquent des éruptions volcaniques de façon permanente. Il est probable qu'il y ait, pour la même raison, des sources de chaleur induites par les forces des marées sous les glaces d'Europe. N'a-t-on pas découvert sur Terre, au fond des océans, des formes de vie dont vous parlera aussi Hubert Reeves, qui n'ont pas besoin de lumière et dont le métabolisme est complètement différent du nôtre ? Il y a peut-être au fond des océans d'Europe un noyau volcanique autour duquel se seraient développées des formes grouillantes de vie...

— *Vous faites partie de ces savants qui n'ont pas peur de rêver...*

A. V.-M. — C'est vrai, je suis peut-être audacieux, mais cela ne tire pas à conséquence. Un jour, certainement, on fera un tour sur Europe, on regardera au fond des océans et l'on verra qu'il n'y a pas de vie du tout. Je me serai trompé, et alors ? Une chose est d'émettre des hypothèses, et dans ce domaine rien n'est interdit ; mais autre chose est de trouver une preuve solide. C'est pourquoi ce que fait Jean Heidmann est remarquable : il a émis l'hypothèse qu'il existe des civilisations extraterrestres, et cherche à en avoir le cœur net. Il a poursuivi son questionnement jusqu'au bout et s'en est donné les moyens : il écoute. Il faut beaucoup de courage pour passer tant d'années à chercher des signaux qui n'existent peut-être pas. C'est dur de ne rien trouver... A partir du moment où l'on a formulé une idée, il est important de pouvoir la confronter aux données du réel. Une idée qu'on ne peut confronter à rien, c'est amusant, mais cela n'a qu'un intérêt limité. Imaginer qu'il y a de la vie dans les océans d'Europe, ce n'est qu'une idée, mais un jour on ira voir, et alors...

— *A ce propos, ne constatez-vous pas une évolution récente au sein de la communauté scientifique ? Dans les années 1960, les scientifiques craignaient d'être assimilés à des auteurs de science-fiction et s'autocensuraient. Aujourd'hui, on a l'impression qu'ils n'hésitent plus à franchir le pas.*

A. V.-M. — Je dirais plutôt le contraire. Ils sont de plus en plus prudents, sans doute parce que les budgets de recherches concernés sont de plus en plus importants ! J'ai lu par exemple un texte sur les canaux de Mars, écrit au début du siècle par un observateur très rigoureux, qui finit par voir sur Mars ce qu'il avait envie d'y voir : des canaux... Il y a aussi le cas de Schklovsky, un astrophysicien russe de grand renom. Observant avec soin les orbites des deux satellites de Mars, Phobos et Deimos, il a remarqué un léger ralentissement dans leur course. Il a supposé que ce freinage était dû à un frottement atmosphérique. Il a calculé la force du freinage qui devait provoquer ce ralentissement, compte tenu de leur taille. Puis, avec ces paramètres, il a calculé leur densité, en partant du principe qu'une densité forte devait se traduire par un freinage inefficace, et inversement. Son raisonnement était impeccable. Seulement voilà : il a trouvé une densité très faible, semblable à celle d'un gaz ! Il en a conclu que ces satellites étaient creux — et donc probablement artificiels. De là à imaginer une civilisation très avancée dans ces parages, il n'y avait qu'un pas... Voilà l'exemple typique d'une analyse rigoureuse avec des mesures imprécises.

— *Vous semblez penser que les erreurs aussi font avancer la recherche.*

A. V.-M. — Mais bien sûr ! Les scientifiques ont toujours aimé extrapoler, et c'est très bien ainsi. Mais, selon les époques, c'est plus ou moins mal vu. Les gens pensent naïvement qu'un scientifique ne dit que la vérité, et les scientifiques se prennent souvent eux-mêmes très au sérieux et se permettent parfois de quitter leur domaine sous la pression de l'image du « savant » qui devrait tout savoir. Mais un scientifique ne peut pas tout savoir, c'est impossible ! Bien des choses que nous affirmons actuellement vont se révéler fausses demain. Ce n'est pas grave. Nous disons ce que nous croyons être vrai aujourd'hui, selon l'état de nos connaissances et notre domaine de compétence, voilà tout. La confrontation avec le temps fera le reste.

Les mésaventures de l'extraterrestre

— *Puisque nous en sommes aux spéculations, si nous admettons qu'il y a de la vie quelque part dans l'Univers, que devrait, selon vous, contenir un message envoyé en direction des extraterrestres ?*

A. V.-M. — A ma petite échelle, j'ai déjà eu à me poser cette question. J'étais en train d'envoyer un satellite dans l'espace, et je me suis dit : j'ai une chance inouïe, je vais pouvoir envoyer un message comme dans une bouteille à la mer ! Et pourquoi pas ? Mais qu'est-ce que j'allais bien « leur » dire ? Finalement, j'ai mis : « T'as le bonjour d'Alfred », puisque au fond je n'ai rien de plus important à dire à l'Univers. Mais, à ce propos, il faut rappeler les controverses homériques qui ont été déclenchées quand la Nasa a envoyé dans l'espace une plaque de cuivre gravée selon les directives de Carl Sagan, avec un message...

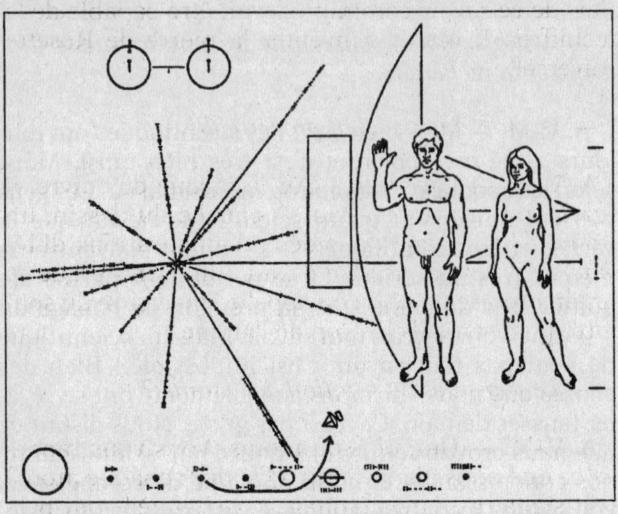

— ... *un peu ridicule, il faut bien le dire ! Un homme et une femme nus, manifestement blancs et bien nourris, un couple de yuppies californiens, debout, côte à côte. L'homme salue les extraterrestres de la main droite. Un caricaturiste a imaginé que le message arrivait sur Jupiter. Un couple de jupitériens jeunes et dynamiques, habillés à la dernière mode des années 1960 — minijupe et talons aiguilles pour la dame, coiffure à la Pamela Anderson, costume décontracté pour l'homme, fine cravate un peu dénouée —, examinent la plaque de cuivre en provenance de la Terre. Et ils sont très surpris. Et le jupitérien finit par dire : « Les Terriens sont évidemment très semblables à nous autres, jupitériens... à ceci près qu'ils ne portent pas de vêtements. »*

A. V.-M. — Mais Carl Sagan ne s'est pas contenté de ce dessin. Il a élaboré un message très compliqué, autour de l'atome d'hydrogène, parce que c'est l'élément le plus abondant dans l'Univers ; il pensait que tout habitant de l'Univers savait cela, et donc, par le biais de ce savoir commun, devait être capable de le déchiffrer. Il venait d'inventer la pierre de Rosette universelle.

— *Son optimisme était proverbial !*

A. V.-M. — C'est vrai... Sur la plaque de cuivre, il a donc fait graver, en haut, à gauche du dessin, un atome d'hydrogène dans deux configurations différentes. Et l'extraterrestre devait comprendre que ce dessin représente ce qu'on appelle l'inversion du spin entre le noyau et l'électron de l'atome.

— *Le spin, c'est la rotation de l'atome ?*

A. V.-M. — Oui, plus ou moins. Vous vous rappelez ce que nous disions tout à l'heure : chaque atome a sa signature, une résonance particulière qui provient de sa structure interne. Une des résonances signatures de l'atome d'hydrogène est justement due à cette inversion du spin et correspond à une lumière de couleur « radio-centimétrique », encore quelques octaves plus « graves » que la lumière de couleur infrarouge dont nous avons parlé tout à l'heure. Plus précisément, cette résonance de l'atome d'hydrogène coïncide avec une lumière d'une longueur d'onde de vingt et un centimètres. Une petite barre entre les deux configurations schématiques de l'atome fournit à notre astucieux voisin une échelle des dimensions.

— *Comment le malheureux était-il censé comprendre un message qui est parfaitement obscur pour la plupart d'entre nous ?*

A. V.-M. — Sagan espérait l'y encourager en dessinant, à la même échelle, derrière les deux personnages, le satellite dans lequel se trouvait le message. Comme l'extraterrestre est censé avoir trouvé le satellite, il doit bien voir que le dessin est à l'échelle des vingt et un centimètres représentés par la petite barre... Mais on peut tout imaginer. Le schéma censé donner les échelles de temps ressemble à une araignée avec des pattes de longueur différente et des petits poils clairement dessinés sur chaque patte. Alors là, notre extraterrestre a un choc : cette araignée avec ses pattes velues, c'est lui ! C'est son portrait ! Et il comprend tout de suite que l'homme à la main levée et la femme nue sont en fait des représentations de l'atome d'hydrogène... Vous savez, il est très facile de se tromper : je me suis amusé avec Jean-Louis Basdevant, un ami avec qui j'ai enseigné à l'Ecole polytechnique, à retrouver le schéma de l'atome d'hydrogène dans un hiéroglyphe du Livre des morts égyptien. On y arrive très bien.

— *Imaginons que l'extraterrestre ait bien compris le message. Que se passe-t-il ?*

A. V.-M. — Il commence à s'interroger sur sa provenance. Et cela pose une question intéressante : comment faire pour se situer dans le vaste Univers ? Comment donner son adresse ? Dans notre Galaxie on pourrait utiliser comme points de repère les pulsars, un peu comme on utilise les phares, le long des côtes océaniques. Notre extraterrestre, qui a beaucoup réfléchi, comprend finalement que cette fameuse « araignée » indique en fait la direction des pulsars les plus brillants tels qu'ils étaient visibles de notre Système solaire au moment où le message a été envoyé. Les poils sur les pattes de l'araignée indiquent en fait la périodicité de chaque pulsar. Par chance, cette civilisation très avancée possède un énorme livre où sont recensés tous les pulsars de notre Galaxie depuis son origine. Il se met à chercher depuis quel endroit de cette galaxie on aurait pu voir, à un moment donné, exactement cette configuration de pulsars. Et il finit par trouver qu'il existe un temps et un lieu où cette configuration était plausible. Il corrige les effets de rotation de la Galaxie et finit par déterminer une centaine d'étoiles possibles. Il envoie alors ses vaisseaux visiter ces étoiles...

— *Et alors ? Quel suspense !*

A. V.-M. — N'est-ce pas ? Eh bien, il retrouve autour de l'une d'entre elles le schéma du Système solaire dessiné en bas à gauche sur la fameuse plaque de cuivre... Et il est très content. Il a enfin trouvé ! C'est de cette étoile-là qu'est parti le petit vaisseau ! De plus, un petit dessin montre qu'il est parti de la troisième planète...

— *Il arrive sur la Terre... et il rencontre nos successeurs...*

A. V.-M. — C'est bien possible, car tout cela prend évidemment beaucoup de temps. En fait, les fameuses plaques de cuivre ont été envoyées sur quatre sondes, deux sur Pionneer et deux sur Voyager, qui sont en train de quitter le Système solaire.

— *Ont-elles une destination précise ?*

A. V.-M. — Non, elles partent dans toutes les directions, dans le vide interstellaire.

— *Après nous avoir envoyé beaucoup d'informations sur le Système solaire.*

A. V.-M. — Oui, et ce n'est pas fini. Deux d'entre elles continuent de mesurer l'état de leur environnement.

— *Mais où sont-elles exactement ? Dans le nuage de Oort ?*

A. V.-M. — Oh non, pas encore ! C'est très, très loin, le nuage de Oort ! Elles ont dépassé les dernières planètes et s'éloignent après les avoir frôlées.

— *Leurs moteurs continuent à fonctionner ?*

A. V.-M. — Non, depuis le lancement, les moteurs sont arrêtés. Elles naviguent grâce à l'inertie qui les entraîne. Seules, de temps en temps, d'infimes corrections de trajectoires ont été nécessaires.

— *Pourraient-elles s'écraser quelque part ?*

A. V.-M. — Non, leurs chances de rencontrer un obstacle sont infinitésimales. Il est plus probable qu'elles continueront à errer sans fin dans la Galaxie.

— *A-t-on une idée de leur espérance de vie ?*

A. V.-M. — Indéfinie, entre aujourd'hui et la fin de l'Univers.

— *Elles ne risquent pas de s'abîmer, de rouiller ?*

A. V.-M. — Si, vous avez raison. Elles vont recevoir des impacts de poussières dans le milieu interstellaire, qui finiront par les user petit à petit, mais sur un temps très long.

LES SURPRISES DU NOUVEL AN COSMIQUE

— *Pour revenir à la question d'une vie possible ailleurs dans l'Univers, vous venez de nous faire réaliser à quel point notre situation sur la Terre peut sembler, selon la perspective adoptée, soit absolument exceptionnelle, soit d'une totale banalité. Mais quelle est finalement votre conviction personnelle ? Pensez-vous, comme Jean Heidmann, que nous recevrons un jour des signaux venus d'une autre civilisation ?*

A. V.-M. — Je vais peut-être vous décevoir, car je suis en fait assez sceptique quant à la présence d'une vie ailleurs dans l'Univers — en tout cas d'une vie intelligente. Et encore plus sceptique en ce qui concerne une rencontre éventuelle.

— Pourtant, jusqu'à présent, vos arguments semblaient plutôt équilibrés.

A. V.-M. — C'est que je n'ai pas encore sorti mon atout majeur ! Il reste un problème essentiel, et je ne suis pas du tout sûr que nous puissions un jour le résoudre ; c'est le rôle du temps. Pour remettre les pendules à l'heure, je vous rappelle que la lumière se déplace à trois cent mille kilomètres par seconde. Or, à cette vitesse faramineuse, la lumière met encore cent mille ans à traverser notre Galaxie.

— Ainsi, même si nous parvenions à construire un vaisseau spatial capable d'atteindre la vitesse de la lumière, il nous faudrait quand même cent mille ans pour traverser notre Galaxie !

A. V.-M. — Oui, si nous parlons du temps qui s'écoule pour ceux qui sont restés à attendre sur Terre. Il leur faudrait attendre plusieurs millions d'années pour voir un de leurs astronefs atteindre une galaxie voisine ! Pour les astronautes embarqués dans ces vaisseaux, le temps de tels voyages paraîtrait, en revanche, raisonnablement long, de quelques dizaines d'années à peine ! C'est un effet bien connu de la théorie de la relativité d'Einstein, remarquablement décrit par le fameux paradoxe des jumeaux de Langevin : le jumeau resté sur Terre vieillit beaucoup plus vite que l'autre — l'astronaute —, la différence pouvant atteindre plusieurs millions d'années ! Mais revenons à cette question de l'échelle des temps. Pour en donner une idée, j'aime bien utiliser la métaphore classique du « calendrier cosmique »*.

Le principe en est simple : supposez que l'âge de l'Univers, d'environ quinze milliards d'années, soit réparti sur une seule de nos années. Ainsi, le big-bang a lieu le 1er janvier à 0 heure, 0 minute, 0 seconde, et nous sommes le 31 décembre, à minuit pile. Dans ce schéma, les premiers mois sont occupés par la formation des galaxies. Dès avril ou mai, dans les grandes lignes, notre Galaxie est achevée, même si des nuages interstellaires continuent en permanence de se condenser pour former de nouvelles étoiles — rappelons qu'il naît à peu près cinquante millions d'étoiles, dans notre Galaxie uniquement, pendant chaque journée du calendrier cosmique. Un jour, un nuage interstellaire particulier s'effondre et donne naissance à une pouponnière d'étoiles, dont la nôtre. Le Soleil apparaît donc vers le 13 septembre, et le Système solaire se met en place très rapidement : Jupiter se forme en quelques heures du calendrier cosmique, puis la Terre, en quelques jours. Disons que tout le Système solaire est quasiment bouclé dans la semaine... Et la Terre commence à mener sa petite vie. Les fossiles des premiers êtres vivants connus datent de la fin septembre environ, ou du début octobre. Puis la vie évolue lentement dans les océans, produit de l'oxygène, et donne naissance à l'atmosphère terrestre, composée d'oxygène et d'azote.

— *A quelle date ?*

A. V.-M. — Au début du mois de décembre !

— *L'atmosphère d'oxygène n'existe que depuis un mois du calendrier cosmique ?*

* Voir en annexe la reproduction du calendrier cosmique (p. 263).

A. V.-M. — C'est incroyable, n'est-ce pas ? La Terre existe depuis septembre environ : elle a donc vécu très longtemps dans une atmosphère de gaz carbonique et d'azote. Il faut savoir que l'apparition de l'oxygène a été une catastrophe écologique majeure pour beaucoup d'espèces pour lesquelles l'oxygène est un poison violent. Mais la vie s'est adaptée, comme toujours, et ce sont les espèces consommatrices d'oxygène qui se sont développées. La présence d'oxygène a permis aux bactéries de se diversifier, de devenir plus performantes, plus complexes... Et c'est ainsi qu'il y a environ six cents millions d'années sont apparus des êtres multicellulaires — soit vers le 15 décembre selon le calendrier cosmique.

— *En somme, jusqu'au 15 décembre, c'est-à-dire hier, la vie sur Terre est exclusivement représentée par des bactéries ?*

A. V.-M. — Oui, c'est frappant, vous ne trouvez pas ? N'oubliez pas que pendant ce temps des astéroïdes continuent à tomber sur la Terre, tous les soixante millions d'années — soit à peu près un par jour sur le calendrier cosmique !

— *Et, malgré tout, les animaux sortent des océans...*

A. V.-M. — Oui, vers le 20 décembre... Les dinosaures commencent le 26 décembre leur long règne de cent soixante millions d'années — soit plus de trois jours, une durée considérable ! Les premières fleurs apparaissent le 28 décembre. Et le 31 décembre, vers 14 heures, le premier singe quitte sa demeure arboricole... Quant à Lucy, notre ancêtre australopithèque, qui vivait il y a trois millions d'années, elle apparaît le même jour vers 10 heures du soir, deux heures à peine avant minuit.

— *Et notre civilisation ?*

A. V.-M. — Elle commence dans les dix dernières secondes du dernier jour de l'année !

— *Comme le disait Hegel, « l'oiseau de Minerve ne prend son vol qu'à la tombée du jour »...*

A. V.-M. — C'est vrai en ce qui concerne l'aube de l'humanité. En revanche, pour ce qui est de notre civilisation, je dirai qu'elle « prend son vol » alors que la nuit est déjà bien avancée. En effet, les anciens pharaons n'apparaissent que quelques secondes avant minuit alors que les cloches (cosmiques) ont déjà commencé à frapper les douze coups ! A quoi sert ce calendrier ? D'abord, classiquement, comme l'ont fait de nombreux auteurs, à prendre la mesure du temps. A faire prendre conscience que notre place dans le temps est aussi ridiculement limitée que notre place dans l'espace. Mais tout cela est presque banal, si je puis dire, car on s'habitue à tout, même à avoir une place insignifiante dans l'Univers. Le véritable impact du calendrier cosmique se fait sentir quand on le prolonge dans l'avenir. Que se passera-t-il après le 31 décembre ? C'est la question clé. Mais soyons tout d'abord prudents. Que se passera-t-il, disons, pendant la première seconde de la nouvelle année cosmique ?

— *Une seconde représente combien d'années ?*

A. V.-M. — Cinq cents ans. Le temps qui nous sépare de la Renaissance. Dans cinq cents ans — dans une seconde cosmique —, nous pouvons raisonnablement prédire que l'humanité aura colonisé toutes les planètes du Système solaire, et envoyé des sondes bien au-delà. Ce n'est pas de la science-fiction. Nous avons déjà rendu visite à toutes les planètes, et nos sondes circulent dans l'espace interstellaire. Mais, dans cinq siècles, il y aura des voyages habités, des colonies...

Pensez simplement que le progrès technique se poursuivra au rythme des cinquante dernières années, ce qui est une estimation basse, car les découvertes se multiplient et l'histoire des techniques s'accélère. C'est d'ailleurs une règle générale que fait apparaître le calendrier cosmique : non seulement les choses progressent et gagnent en complexité, mais elles avancent en accélérant. Quand vous racontez l'histoire de l'Univers, après les temps infinitésimaux de l'origine, vous commencez à parler en termes de mois. Quand vous parlez du Système solaire, vous comptez en semaines, puis en jours. C'est ainsi que j'ai daté l'apparition du Soleil du 13 septembre. Quand il s'agit de l'évolution de la vie, c'est la même chose ; des formes primitives, monocellulaires, vous parlez en mois, des organismes multicellulaires, en semaines, des différentes espèces, en jours, des primates, puis de l'humanité et de la civilisation, vous parlez successivement en heures, en minutes, en secondes puis en fractions de secondes. Nous constatons ce phénomène d'accélération à l'intérieur même de notre échelle de vie. Beaucoup de choses ont changé depuis dix ans (deux centièmes de seconde cosmique), beaucoup de nouvelles techniques ont transformé la vie quotidienne. On ne trouve pas de bouleversement comparable dans les dix dernières années du XIXe siècle. A cette époque, en dix ans, à la ville comme à la campagne, la vie n'avait guère changé. C'est ainsi que dorénavant, d'une génération à l'autre, le fameux fossé des générations se creuse un peu plus : il y avait moins de différences entre nos arrière-grands-parents et nos grands-parents qu'il n'y en a entre nos parents et nous-mêmes, et bien moins qu'entre nos enfants et nous ! Dans tous les domaines, on constate cette incroyable accélération.

— *Tout cela pour nous dire que dans cinq cents ans l'humanité aura accompli beaucoup de prodiges dont nous ne pouvons avoir la moindre idée aujourd'hui ?*

A. V.-M. — Exactement ! En fait, mes prévisions sont d'une prudence maladive. Déformation professionnelle ! Dire que nous aurons colonisé l'ensemble du Système solaire, c'est une hypothèse basse. Mais admettons. Nous voici donc, le 1er janvier à 0 heure, 0 minute, 1 seconde, installés partout dans le Système solaire.

— *Une bonne chose de faite !*

A. V.-M. — Comme vous dites ! Une fois cet exploit accompli, je vous le demande, qu'est-ce qui nous empêchera d'aller jusqu'aux étoiles ? Nicolas Prantzos vous donnera une idée des moyens dont nous disposerons pour y parvenir. Bien sûr, les distances sont gigantesques, mais ce n'est pas irréalisable. Puisque des pierres nous parviennent directement des étoiles ! Ne sommes-nous pas nous-mêmes des poussières d'étoile ? Bien sûr, nous mettrons beaucoup de temps pour y arriver. Mais ce n'est pas grave : nous avons le temps, nous avons même tout le temps ! Ce sera, certes, difficile. Nous aurons fort à faire pour transformer l'essai. Nous devrons notamment résoudre le problème de la vitesse. Combien de temps donnez-vous à l'humanité, compte tenu de l'accélération des événements dont nous avons parlé, pour inventer de nouveaux moyens de propulsion capables de rivaliser avec la lumière, d'atteindre, disons, un centième de sa vitesse, ce qui n'est déjà pas si mal ?

— *Mille ans ? Dix mille ans ? Cent mille ans ?*

A. V.-M. — Ne soyons pas trop pressés. Donnons-lui un million d'années pour se rendre dans les étoiles. En ce temps-là, l'un des moyens techniques dont Nicolas Prantzos vous expliquera le principe, ou tout autre, sera enfin opérationnel. Alors, longuement, les hommes vont se préparer pour le premier grand départ. Des groupes de gens seront enfermés en vase clos pour passer les tests de survie nécessaires aux voyages interstellaires. Pensez que le projet de biosphère entièrement autonome a déjà été mené en Californie. Arrive le jour J. C'est aussi émouvant à imaginer que le jour où, pour la première fois, des hommes se sont embarqués sur la mer sans rivages. Et puis les premiers navigateurs de l'espace, en retenant leur souffle, s'élancent hors du Système solaire. Ils feront peut-être naufrage. On les retrouvera un jour, dérivant dans l'infini, comme on retrouve aujourd'hui de vieux galions chargés de vaisselle espagnole. Un beau jour, enfin, une première expédition touche à bon port... Mais imaginons encore, vous me suivez ?

— *Nous sommes suspendus à vos lèvres...*

A. V.-M. — Dans les siècles et les millénaires suivants, on lance encore de grandes expéditions. Pendant un millénaire, les hommes vivent en vase clos dans leur gigantesque île interstellaire. Puis les circonstances font que le vieil appel de l'espace retentit à nouveau. Ils mettent encore mille ans pour parvenir à l'étoile suivante, ce qui correspond à une vitesse inférieure à un centième de la vitesse de la lumière. Admettons donc que tous les mille ans les hommes colonisent un nouveau système planétaire. Mais dites-moi : combien de temps, à ce rythme, mettrons-nous pour aller dans toutes les étoiles de la Galaxie ? Combien de temps pour visiter les cent cinquante milliards d'étoiles du tas de sable ?

— *Nous donnons notre langue au chat !*

A. V.-M. — Il faut environ cinquante millions d'années. Vous voyez que nous pouvons facilement accorder à l'humanité deux ou même dix millions d'années pour se mettre en route vers les étoiles !

— Alors, dites-nous : cinquante millions d'années, cela fait combien de temps dans le calendrier cosmique ?

A. V.-M. — Une journée ! Les dinosaures ont disparu il y a un peu plus d'une journée du calendrier cosmique, soit soixante-cinq millions d'années.

— Donc, la même durée de temps nous sépare de la fin des dinosaures et de la colonisation de la Galaxie !

A. V.-M. — Vous voyez que dès le 1er janvier de la nouvelle année cosmique, vers la fin de la « journée » ou dans la « nuit », notre civilisation aura essaimé partout dans la Galaxie. Du même coup, elle aura depuis longtemps définitivement échappé au risque d'autodestruction qui la taraudait. Il sera beaucoup plus difficile de détruire l'humanité galactique dans son ensemble que la nôtre, rassemblée en un seul lieu. On peut tout imaginer, une guerre des étoiles, par exemple. Mais, même dans cette hypothèse, la destruction massive sera impossible, et la poussée expansionniste des Terriens continuera de manière irrésistible. Décalons donc, si vous le voulez bien, le scénario d'une journée entière. Disons alors que le 2 janvier de la nouvelle année cosmique, ça y est, nous sommes dans toute la Galaxie. Dans environ cinquante millions d'années ! Imaginez maintenant qu'il existe, quelque part dans l'Univers, une planète semblable à la nôtre, mais qui soit née deux jours cosmiques avant la Terre... Cela n'a rien d'invraisemblable, n'est-ce pas ?

— Non, et d'autant moins que les étoiles n'ont pas toutes le même âge.

A. V.-M. — Comme vous dites. Supposons donc que cette planète jumelle de la Terre soit née le 12 septembre. Comme sur la Terre, sont apparus des océans, des microbes, des animaux, une civilisation avancée. Rien n'empêchera un jour ces êtres de quitter leur système planétaire et d'aller dans les étoiles — les lois de la physique étant les mêmes partout dans l'Univers. Et voici la contradiction, celle qui a été formulée par le physicien italien Enrico Fermi : si tout cela est vrai, si une telle civilisation nous a précédés d'une seule journée cosmique, comment se fait-il qu'elle ne soit pas arrivée jusqu'ici ? Elle devrait être partout, la Galaxie devrait foisonner de signaux, Jean Heidmann devrait être surchargé de travail ! Or, manifestement, ils ne sont pas là. Du moins je ne les ai pas rencontrés...

L'EXCEPTION DE LA VIE

— Alors, tout compte fait, serions-nous seuls dans l'Univers ?

A. V.-M. — Hélas, j'en ai bien l'impression. Ou heureusement, qui sait ? En tout cas, on a plutôt la sensation qu'il n'y a pas grand monde, là-haut. Disons que si nous n'étions pas seuls, cela se saurait !

— Et si ces créatures n'étaient pas douées du don de curiosité ?

A. V.-M. — C'est possible, évidemment. On peut penser qu'ils ne sont pas curieux ou qu'ils ont horreur de voyager, ou bien qu'ils se sont autodétruits, ou que sais-je encore ?

— Et s'ils étaient aveugles ? Ils n'auraient même pas l'idée du ciel !

A. V.-M. — Oui, tout est possible. Certains ont même imaginé que de tels êtres existaient, en effet, mais qu'ils avaient décidé de transformer une partie de la Galaxie en réserve naturelle. Ils observeraient donc notre évolution sans intervenir, ce qui expliquerait leur discrétion... C'est ce qu'on appelle la théorie du zoo.

— *Il est donc possible qu'ils soient là mais ne se manifestent pas ?*

A. V.-M. — On pourrait le croire, mais, en fait, la leçon du calendrier cosmique projeté dans l'avenir, que j'appelle la « nouvelle année cosmique », m'amène à vous répondre : non, il est plus logique de penser qu'ils n'existent pas ! Dans la mesure, en effet, où, comme nous l'avons vu, les chances d'apparition de la vie sont multiples, et, dans la mesure aussi où son évolution vers des espèces intelligentes semble inévitable, les civilisations extraterrestres devraient foisonner. C'est ainsi que, pour expliquer l'absence de manifestations, il faudrait admettre que de *toutes* les nouvelles civilisations *aucune* n'est curieuse, *aucune* n'aime voyager, ou bien encore, que *toutes* s'autodétruisent, ou bien qu'elles nous ont placés dans un zoo, ou qu'elles ne nous voient pas, ou tout ce que vous voudrez, sans que jamais *aucune* n'ait mis en œuvre ce que la seule que nous connaissions, la nôtre, semble être amenée à faire de façon inéluctable en un seul jour du calendrier cosmique !

— *Mais alors, plus nous découvrons de planètes extrasolaires, et plus, paradoxalement, nous renforçons l'argument du calendrier cosmique qui aboutit au fait que nous soyons seuls ?*

A. V.-M. — En effet, plus on découvre de nouvelles planètes, plus on sait que les endroits propices à l'apparition de la vie sont nombreux. Des planètes qui gravitent autour de quelques milliards d'étoiles, cela change tout. Maintenant, il est possible d'affirmer qu'il naît des millions de nouveaux systèmes planétaires dans la Galaxie par journée cosmique. Alors, imaginez, si, dans ces nouveaux sites potentiels, des civilisations apparaissaient, le nombre de civilisations avortées qu'il faudrait envisager !

— *Oui, imaginons qu'il y ait eu une petite déviation, un léger raté dans l'évolution sur la Terre, au moment par exemple de l'hominisation, et que, finalement, nous soyons tous restés des simiens...*

A. V.-M. — C'est vrai, il s'en est fallu de peu pour que l'homme n'existe pas... Et si l'homme existe, sur la Terre, ce n'est que depuis le 31 décembre vers 10 heures du soir... Il y a à peine deux heures cosmiques...

— *Voulez-vous nous dire que si les extraterrestres étaient venus le matin du 31 décembre cosmique ils n'auraient rencontré personne ? Les rendez-vous devraient être très précis, entre planètes !*

A. V.-M. — En effet, mais le 31 décembre ils auraient tout de même rencontré le foisonnement de milliers d'espèces vivantes en pleine évolution et sauraient que cela représente une fantastique machine en marche que rien ne semble plus pouvoir arrêter. Inversement, à partir du nouvel an cosmique, ils peuvent venir quand ils veulent, nous serons définitivement là au rendez-vous... Je suis persuadé que le développement de la vie est inéluctable une fois que les premiers organismes se sont formés.

— *Hubert Reeves parle souvent d'un continuum, d'une croissance inéluctable de la complexité qui conduirait à l'apparition de l'intelligence.*

A. V.-M. — Entièrement d'accord ! Cela me semble incontournable.

— *Pour vous, si la vie se développe, elle doit naturellement tendre vers l'intelligence ?*

A. V.-M. — Qui l'en empêcherait ? Elle se complexifie, elle se dirige toujours vers le système le mieux adapté à l'environnement ; or, plus le système est performant, mieux il s'adapte. L'homme est remarquablement acclimaté, puisqu'on le retrouve dans tous les milieux, de la forêt tropicale aux pôles. Avez-vous lu *Pourquoi j'ai mangé mon père ?* de Roy Lewis ? C'est un livre très amusant qui montre comment l'évolution technologique devient irrésistible. L'action se passe à l'époque de la découverte du feu et l'un des personnages découvre qu'il peut le maîtriser. Naturellement, il est très excité, il veut progresser, aller plus loin. Mais il a un oncle rabat-joie qui lui dit d'arrêter ce scandale, car la nature n'a jamais permis aux animaux de jouer avec le feu. « Et d'ailleurs, si tu continues, tu vas provoquer une catastrophe, je préfère retourner dans les arbres où l'on était si bien ». Et l'oncle végète et reste dans son système, alors que le neveu continue ses expériences. Evidemment, il finit par mettre le feu à la forêt, et l'autre de s'exclamer : « Je te l'avais bien dit ! » Mais ce livre montre qu'il s'agit bien d'une progression inéluctable. Quand on sait l'utiliser, le feu ouvre tout un éventail de possibilités fabuleux. Et, bien sûr, cela continue au-delà du feu. Et de plus en plus vite...

— *Dans votre livre,* Il pleut des planètes, *vous citez cet homme du* XIXe *siècle qui s'inquiète pour la circulation dans Paris parce qu'il voit des chevaux partout : il prévoit qu'il y aura bientôt un mètre de crottin dans les rues...*

A. V.-M. — Cet homme fait comme nous, il extrapole, et il ne peut pas tenir compte du hasard, des imprévus, du progrès. En un siècle, vous pouvez constater combien il se trompe, alors imaginez de combien je dois me tromper quand je me projette dans quelques millions d'années ! Mais comme je le disais, qu'importe, ma prédiction, comme la sienne, correspond à un profil bas et même ridiculement bas. Le hasard, les imprévus et le progrès feront que tout cela se passera bien plus vite que ce que j'annonce, et renforcent d'autant plus l'argument de la nouvelle année cosmique.

— *Ne craignez-vous pas, dans notre monde où les problèmes de la surpopulation et de la misère sont si graves, que l'humanité s'autodétruise bien avant d'avoir atteint les étoiles ?*

A. V.-M. — C'est possible, bien sûr. Mais je dirai, entre d'énormes guillemets, que ce n'est pas grave par rapport à l'argumentation que je suis en train de développer.

— *Parce que nous recommencerons dans cinquante millions d'années ?*

A. V.-M. — Parce qu'une autre espèce aura pris le relais. Et même si tout était détruit, même s'il n'y avait plus du tout de vie sur la Terre, je reste convaincu que la même chose se reproduirait ailleurs, tôt ou tard. Pour que l'argument de l'autodestruction soit valable, il faudrait que, systématiquement, toutes les civilisations qui émergent dans la Galaxie s'autodétruisent avant d'être capables de quitter leur planète natale. Voyez comme c'est improbable : notre propre civilisation est déjà tout près d'y arriver puisque dans à peine une seconde cosmique elle sera installée dans de nombreux endroits du Système solaire, la Lune, Mars et ses satellites, quelques astéroïdes et satellites de planètes géantes, pour ne parler que des endroits les plus évidents. Elle sera alors déjà à l'abri d'une autodestruction complète de par son modeste mais salutaire essaimage. Nous n'avons plus qu'à tenir une toute petite seconde cosmique pour savoir que, dans un jour cosmique à peine, nos lointains descendants seront très certainement partout dans la Galaxie.

— *Et si nous étions seuls parce que nous sommes les premiers ?*

A. V.-M. — Ah ! pourquoi pas ?

— *Les premiers, les ancêtres, les patriarches...*

A. V.-M. — Il faut toujours un premier... C'est une idée qui a ses défenseurs, mais elle est suspecte d'anthropocentrisme. Nous considérons plutôt comme un progrès de la pensée le fait que l'humanité ne se prenne plus pour le nombril de l'Univers.

— *Ce serait une autre façon de se retrouver au centre. Mais l'argument ne suffit pas pour infirmer l'hypothèse.*

A. V.-M. — En effet. Et c'est tout à fait possible, comme il semblait possible, autrefois, que la Terre soit au centre de l'Univers. Mais il serait tout de même surprenant que nous soyons les premiers sur des milliards ! Il serait beaucoup plus « normal », je veux dire, conforme à la banalité standard dont nous parlions tout à l'heure, qu'il y ait beaucoup d'autres mondes habités. Que nous soyons les premiers sur des milliards, c'est en fait aussi improbable que si nous avions coché au Loto les six numéros gagnants. Et encore, il est relativement plus facile de gagner au Loto : une chance sur dix millions...

Alors que faut-il croire ? Le fait est que nous existons, et je veux bien que nous soyons les premiers, mais alors, nous sommes aussi probablement les seuls pour le moment ! Peut-être l'apparition de la vie dépend-elle de facteurs beaucoup plus rares que nous le croyons ? Finalement, il est peut-être incroyablement difficile de faire apparaître la vie sur une planète, si difficile que cela n'arrive qu'exceptionnellement. Peut-être y a-t-il eu des milliards de tentatives avant que cela ne marche... Mais ce que nous enseigne la nouvelle année cosmique, à mon sens, c'est que finalement, oui, nous sommes probablement seuls. Elle nous apprend aussi que l'apparition de l'homme est un événement tout récent et que, en un seul jour cosmique, il aura peut-être colonisé l'Univers. Jean Heidmann est né juste un jour cosmique trop tôt !

— *Et les petits personnages qui vivent à* 10^{-21} *?*

A. V.-M. — S'ils existent, ce qui n'est pas du tout évident, comment pourrions-nous les contacter ? Pour moi, l'argument de la nouvelle année cosmique reste incontournable. C'est un peu comme de se retrouver face à un mur, et cela m'ennuie beaucoup, je vous l'avoue, parce que je suis d'un tempérament plutôt sociable et j'aimais bien l'idée qu'il y ait des gens un peu partout. Mais il faut croire que quelque chose nous a échappé : la vie est encore bien plus difficile à fabriquer que nous le croyons.

— *Et donc encore plus rare et précieuse.*

A. V.-M. — Rarissime, et probablement unique.

— *Que pensez-vous des témoignages de tous ces gens qui pensent avoir aperçu une soucoupe volante ou avoir été mystérieusement kidnappés ?*

A. V.-M. — Encore une fois, il me semble que s'il y avait des extraterrestres parmi nous, s'ils étaient vraiment présents dans la Galaxie, nous les aurions déjà rencontrés.

— *L'argument du calendrier cosmique vous paraît-il plus convaincant que le paradoxe de Fermi ?*

A. V.-M. — C'est le même ! C'est le paradoxe de Fermi présenté autrement.

— *Comment l'avez-vous élaboré ?*

A. V.-M. — Je connaissais bien sûr ce paradoxe qu'on peut résumer en disant : « Mais où sont-"ils" ? » J'avais découvert aussi la forme classique du calendrier cosmique (dans un livre de Carl Sagan), c'est-à-dire le calendrier strictement limité à une année, du 1er janvier au 31 décembre. Et puis, je suis tombé sur un article de Michael Hart qui discutait du temps nécessaire à une hypothétique civilisation pour se répandre dans toute la Galaxie. Il montrait de façon très convaincante que ce temps devait être relativement bref, de l'ordre de deux millions d'années. D'autres auteurs ont montré qu'il pourrait atteindre cinquante millions d'années, soit environ une journée cosmique. Toutes les pièces du puzzle étaient réunies.

Or, comme vous le savez, j'aime bien, pour illustrer mes propos, transposer une situation dans un autre contexte plus accessible, afin de mieux l'appréhender. J'ai donc imaginé de prolonger le calendrier dans l'année cosmique nouvelle afin de révéler l'incroyable portée du paradoxe de Fermi. Présenté ainsi, il ne laisse personne indifférent ! J'ai recueilli depuis de nombreuses réactions. Pour ne parler que des positives, la première survint alors que je venais de le présenter au cours d'une conférence à Blois. Danièle Tabak, alors au service audiovisuel du CNRS, s'est enthousiasmée, et m'a suggéré d'en faire un court métrage. Ensuite un projet de film Omnimax soutenu par l'Agence Jules Verne a pris forme. Nous avons envisagé aussi d'en faire une bande dessinée et, enfin, pour les célébrations de l'an 2000, nous l'avons proposé sous forme d'émissions et de spectacles, étalés sur toute l'année, avec pour point culminant, les douze coups de minuit du 31 décembre 2000. Nous pensions ainsi fêter l'entrée dans le prochain millénaire. Malheureusement nous n'avons pas été suivis.

— *Dommage, c'était une belle idée...*

A. V.-M. — L'idée est toujours belle car elle nous permet de mieux sentir la force du paradoxe de Fermi et en même temps notre place minuscule dans le temps. Cette transposition temporelle me satisfaisait beaucoup car elle me donnait l'impression de chasser encore une fois le fantôme de l'anthropocentrisme qui, ayant la vie dure, aurait pu réapparaître sous une forme temporelle. Michel Cassé vient d'ailleurs de le pourfendre sous toutes ses formes dans son livre *Théories du ciel,* y compris sous sa forme « matérielle » : en effet, la matière dont nous sommes faits représente tout au plus 10 % de la masse de l'Univers. Vous le savez, « l'essentiel est invisible », et dans le cas de notre Univers, l'essentiel est fait d'une « matière » exotique encore totalement inconnue !

— *Mais l'argument est à double tranchant...*

A. V.-M. — Oui, j'ai été pris par surprise, complètement à contre-pied, je ne m'y attendais pas du tout. Voici que ce remarquable argument se retournait comme un gant et me mettait en face d'une incroyable contradiction : la vie qui semblait devoir foisonner dans l'Univers, du fait de notre « solitude terrestre », donnait à l'anthropocentrisme une force nouvelle...

— *Quelle déconvenue !*

A. V.-M. — Oui, mais que faire ? J'ai cherché à contourner ce paradoxe, mais cela semble bien difficile ! Je me sens obligé d'en accepter les conséquences : plus il y a de nouvelles planètes, et tant que SETI ne capte pas de signaux, plus le paradoxe se renforce et m'incite à conclure que nous sommes seuls !

— *Et si des traces de vies étaient découvertes sur Mars ?*

A. V.-M. — Curieusement, cela renforcerait le paradoxe. Plus des traces de vies seront trouvées, plus il sera démontré que la vie peut apparaître partout et devrait donc pulluler sur les nombreuses planètes extrasolaires. La non-observation de messages extraterrestres deviendrait encore plus énigmatique. C'est une situation véritablement paradoxale puisque plus nous trouverons de preuves en faveur de l'universalité de la vie, plus nous aurons d'éléments nous incitant à penser que nous sommes probablement seuls dans l'Univers !

— *Et si Jean Heidmann détectait un signal extraterrestre ?*

A. V.-M. — Alors là, indiscutablement, cela changerait tout. Cette observation directe serait vraiment la seule capable de mettre fin au paradoxe de Fermi. Mais en attendant, il me semble plus sage de supposer que nous sommes seuls ! Mais soyons patients ! Encore une toute petite seconde cosmique, et alors, à mon avis, nous saurons...

Ainsi, sur son modeste territoire et dans ce court laps de temps dont elle dispose, infinitésimal au regard des durées cosmiques, l'humanité s'achemine vers un avenir qui sera galactique ou ne sera pas. Et l'aventure ne fait que commencer. Nous avons découvert de nouvelles planètes : fort bien. Mais nous voulons les voir de plus près ! Quand irons-nous les visiter ? Et, surtout, comment, à l'aide de quels moyens de transport ? Parviendrons-nous un jour à atteindre la vitesse de la lumière ? Irons-nous dans les étoiles ? Sortirons-nous de la Voie lactée ?

L'odyssée du futur
par
Nicolas Prantzos

Nicolas Prantzos a douze ans lorsqu'il découvre le chef-d'œuvre de Clarke et Kubrick : 2001 : l'Odyssée de l'espace. *Il le reverra vingt-quatre fois. Nous sommes en 1969 et l'homme vient d'effectuer ses premiers pas sur la Lune. Toute une génération de jeunes gens rêvent de devenir astronautes. Nicolas est l'un d'entre eux. Durant toute son adolescence, il dévore les grands ouvrages de science-fiction — ceux de Clarke, de Herbert G. Wells, d'Ysaac Asimov — dont il apprécie le mélange de prospective technologique et de vision philosophique. « Quand j'ai réalisé que je ne pourrais probablement pas aller dans les étoiles, j'ai choisi un métier qui me permette d'amener les étoiles à moi », explique aujourd'hui l'astrophysicien. A vingt-trois ans, il doit choisir une grande capitale pour y effectuer des études d'astronomie. Nicolas Prantzos parle bien le français et adore Paris.*

Il débarque donc dans la Ville Lumière en 1979 pour entamer un long cursus universitaire à Paris-VII. Après une première thèse au centre d'études de Saclay, il prépare une thèse d'Etat d'astrophysique nucléaire sur l'évolution des étoiles massives. Il devient chargé de recherches au CNRS en 1986 et intègre l'Institut d'astrophysique de Paris. Ses travaux sur la nucléosynthèse (la formation des éléments chimiques par réactions nucléaires au sein des étoiles) lui valent la reconnaissance de la communauté scientifique, et il reçoit en 1994 le prix annuel Digital/Compaq de la Société française d'astronomie pour l'ensemble de son œuvre. Depuis 1990, il enseigne « L'évolution stellaire » au DEA d'astrophysique à l'université de Paris-VI. En 1997, il est invité à enseigner « L'évolution chimique des galaxies » à l'université de Tokyo, en tant que Visiting professor.

Parallèlement à cette brillante carrière universitaire, il a aussi à cœur de faire partager sa passion au grand public. En 1988, il publie, en collaboration avec son collègue Thierry Montmerle, Soleils éclatés *; l'ouvrage est récompensé par la Plume d'or de l'Association des écrivains scientifiques de France. En 1998, il publie un petit livre de vulgarisation,* Naissance, vie et mort des étoiles, *toujours en collaboration avec Thierry Montmerle, ainsi que* Voyages dans le futur. L'aventure cosmique de l'humanité, *où il explore l'avenir de l'humanité dans l'espace, du XXI*e *siècle... jusqu'à la fin de l'Univers.*

*Avec ce livre, Nicolas Prantzos revient à ses premières amours, les sujets qui l'ont fait rêver dans sa jeunesse : « Ma génération a eu la chance de vivre son adolescence dans les années 1960, lors de la grande épopée spatiale du XX*e *siècle, qui a suscité tant de vocations. Les générations suivantes ne peuvent pas imaginer l'ambiance formidable de cette époque, où presque tous les rêves spatiaux semblaient accessibles, et dans un futur proche. Malgré le désenchantement qui a suivi, je crois que le rêve ancestral de visiter les étoiles est toujours vivant. J'ai donc voulu présenter ce rêve à la lumière de nos connaissances actuelles, et l'intégrer au sein d'une vision globale de notre futur dans l'Univers. »*

Cette vision du futur le conduit parfois à visiter les mondes de la science-fiction, domaine tabou pour beaucoup de ses collègues. Mais il considère que « l'anticipation scientifique, longtemps méprisée par les milieux littéraires, a aujourd'hui acquis ses lettres de noblesse ; la problématique et les sujets de cette littérature ont souvent constitué une source d'inspiration pour les scientifiques ». En tout cas, la problématique développée dans Voyages dans le futur *a manifestement enchanté le jury du prestigieux prix Jean-Rostand (attribué par le Mouvement universel de responsabilité scientifique), qui a récompensé l'ouvrage en 1998.*

Cette investigation scientifique sur les évolutions technologiques qui nous permettront sans doute, dans un futur plus ou moins lointain, d'explorer les étoiles, ne le détourne pas pour autant des grands débats sociologiques, économiques et philosophiques sur le destin de l'homme hors de son berceau terrestre.

PREMIERS PAS DANS L'ESPACE

— Il semble que nous n'en sommes qu'au début de l'aventure spatiale, dans la situation de Christophe Colomb quand, pour la première fois, il s'est éloigné des rivages familiers de l'Europe.

Nicolas Prantzos. — C'est une comparaison intéressante, en effet, mais je crois qu'il est encore un peu tôt pour s'y abandonner ! Car l'aventure spatiale n'a qu'une quarantaine d'années. Elle a commencé à la fin des années 1950 avec le premier Spoutnik et le vol de Youri Gagarine (1934-1968) en orbite autour de la Terre. Au cours de cette première période, les astronautes ont exploré la banlieue de notre planète. Le projet phare était alors le programme Apollo, lancé en 1961, et grâce auquel, huit ans plus tard, l'homme a fait ses premiers pas sur la Lune. Mais, dès le début des années 1970, le climat a changé, et nous sommes entrés dans la période des vaches maigres. Depuis 1972, aucun être humain ne s'est éloigné de plus de cinq cents kilomètres de la Terre. Certes, de multiples sondes ont été expédiées vers les autres planètes et ont effectué une exploration systématique du Système solaire. Elles nous ont apporté une foule d'informations sur la morphologie et les propriétés de planètes comme Mars, Vénus, Jupiter ou Saturne, ainsi que leurs satellites. Mais il n'était plus question d'envoyer des humains loin de la Terre, car ces expéditions coûtaient beaucoup trop cher.

— *Ce coup de frein n'est-il pas dû en partie à la fin de la guerre froide ?*

N. P. — Il est certain que la compétition entre les Etats-Unis et l'ex-URSS a beaucoup stimulé la recherche spatiale, et notamment les projets de vols habités. Quand cette rivalité s'est éteinte, on s'est rendu compte que les coûts étaient trop élevés par rapport aux avantages escomptés. A la fin des années 1990, l'air du temps est au slogan : « Mieux, moins cher, plus rapide ». L'accent est alors mis sur la miniaturisation de systèmes spatiaux et de leurs différentes composantes.

— *C'est donc grâce au progrès de l'informatique et de la microélectronique que l'exploration spatiale a pris un nouveau départ ?*

N. P. — Pas uniquement, mais ces progrès y sont pour beaucoup. Ce qui détermine en grande partie le coût d'une mission spatiale, c'est le « poids utile », parce qu'on doit sortir du champ gravitationnel de la Terre. C'est comme si on essayait de sortir d'un puits très profond : plus le poids est grand, plus il y faut d'énergie. La miniaturisation a représenté un véritable bond technologique qui a permis d'alléger les appareils encore rudimentaires des années 1960.

— *Quel est le rapport entre le poids de l'appareil et sa vitesse de libération ?*

N. P. — La vitesse de libération est indépendante du poids, elle est toujours la même, car elle ne dépend que des propriétés (masse et rayon) du corps dont vous voulez vous « libérer » (en l'occurrence la Terre) ; si vous voulez mettre un objet en orbite autour de notre planète, vous devez lui donner une vitesse de huit kilomètres/seconde environ. Et, pour échapper à l'attraction terrestre, il faut onze kilomètres/seconde. Mais la quantité d'énergie nécessaire pour arriver à ce résultat, elle, varie en fonction de la masse : envoyer un kilo en orbite coûte mille fois moins cher en énergie que d'envoyer une tonne. Actuellement, le prix de mise en orbite revient à environ vingt mille dollars par kilo.

— *Qu'est-ce que l'aventure spatiale a apporté à l'humanité jusqu'à présent ?*

N. P. — Il est difficile de le résumer en quelques phrases. Le plus important, même si cela peut paraître paradoxal, est qu'elle nous a surtout permis de mieux connaître notre propre planète. Les milliers de satellites qui sont actuellement en orbite autour de la Terre, à diverses altitudes, nous permettent de recueillir une incroyable quantité d'informations sur nous-mêmes. Ils servent aux télécommunications (radio, télévision, téléphonie), à la navigation (position précise des navires et des avions grâce au système GPS *Global Positioning System*), à la météorologie (suivi des cyclones), à la télédétection (suivi du déplacement des icebergs, des incendies de forêts et du front des sables, localisation des gisements de pétrole ou d'autres minerais, cartographie des régions urbaines et rurales ou du relief des fonds océaniques, etc.). La liste des services rendus est déjà très longue et s'accroît constamment. Bien entendu, à cela, il faut ajouter les satellites militaires et leur rôle dans l'espionnage.

— *Qu'en est-il de la connaissance du Système solaire et de l'Univers ?*

N. P. — En nous affranchissant de l'atmosphère terrestre, nous avons vu l'Univers avec d'autres yeux. La plupart des rayonnements électromagnétiques sont arrêtés par l'atmosphère (heureusement pour notre organisme !). Ne passent que la lumière visible, une partie de l'infrarouge et les ondes radio. Si nous voulons étudier les rayons X, les rayons gamma, l'ultraviolet, l'infrarouge, etc., il faut aller faire des observations dans l'espace. C'est ce que nous ont permis les satellites à partir des années 1960, nous révélant des facettes multiples et insoupçonnables de l'Univers lointain. C'est ainsi que nous avons pu « voir » le voisinage des trous noirs (grâce aux rayons X émis par le gaz chaud que ces objets aspirent), ou encore les « sursauts gamma » (apparemment des collisions entre étoiles à neutrons, survenant dans des galaxies lointaines et émettant de prodigieuses quantités d'énergie). Notre appréhension du Système solaire a aussi été transformée grâce à l'envoi de sondes. Nous avons pu nous procurer des images extraordinaires de presque tous les objets du Système solaire, d'une qualité impossible à obtenir depuis la Terre. Ces images, ainsi que les autres données envoyées par nos sondes, ont révolutionné nos connaissances sur la formation et l'évolution de notre Système solaire. Encore plus importante a été l'analyse *in situ* du sol et de l'atmosphère martiens, effectuée par les sondes Viking dans les années 1970 et Mars Pathfinder en 1997. Enfin, les trois cents kilos de matériaux lunaires, ramenés par les astronautes du projet Apollo, ont fait le bonheur des planétologues, car leur analyse a permis de mieux comprendre l'histoire du système Terre-Lune.

— *Pourtant, depuis la fin des voyages habités vers la Lune, il semble y avoir une hésitation quant aux étapes suivantes. Que faire aujourd'hui ? Retourner sur la Lune ? Diriger nos efforts vers Mars ? Développer les projets de stations en orbite autour de la Terre ?*

N. P. — C'est exact : on constate actuellement une difficulté à définir une politique à long terme. Certains préconisent la prudence : « Il ne faut pas se précipiter, disent-ils, car les risques sont trop grands. Les missions sont trop coûteuses, et toute précipitation pourrait se révéler désastreuse en termes de vies humaines. Commençons par consolider tranquillement nos acquis avec la station spatiale, envoyons des astronautes apprendre à travailler dans l'espace et faire l'expérience de la vie en apesanteur. » C'est ce qu'ont fait les Soviétiques pendant longtemps avec la station Mir. Mais, aujourd'hui, ce sont les Américains qui prennent l'initiative parce que les Russes n'en ont plus les moyens.

— *Une nouvelle station spatiale doit bientôt remplacer Mir...*

N. P. — Un projet international a débuté en octobre 1998 : un premier module a été placé par les Russes, un deuxième par les Japonais. Il faudra au total une cinquantaine de missions — la plupart effectuées par la navette spatiale — pour assembler tous les modules de la future Station spatiale internationale. Si tout va bien, elle sera prête à accueillir les premiers astronautes vers 2003-2004. Ce sera la fin d'une longue aventure, car les plans de cette station ont sans cesse changé depuis une quinzaine d'années. De même, elle s'est appelée successivement « Freedom » et « Alpha », avant d'être finalement baptisée « International Space Station » (ISS).

— *Quelle sera son utilité ?*

N. P. — Beaucoup de gens, et en particulier les scientifiques, aimeraient connaître la réponse à cette question ! En principe, on devrait y faire toutes sortes d'expériences concernant la physique, la chimie et la biologie dans des conditions de vide et d'apesanteur ; des applications industrielles de ces expériences sont même envisagées, car, dans ces conditions, on peut obtenir des produits pharmaceutiques ou électroniques impossibles à fabriquer sur Terre. Pourtant, l'intérêt exprimé par les industriels ne semble pas être à la hauteur des espérances de la Nasa, et l'on ne sait pas très bien si cela peut intéresser la recherche fondamentale. Vu le coût de la station spatiale (cinquante milliards de dollars pour sa construction, auxquels il faut ajouter une somme comparable pour son fonctionnement durant les années suivantes), on peut se demander si la décision était judicieuse. A mon sens, l'utilité de la station ne se révélera qu'à long terme : nous avons besoin d'un endroit où les astronautes puissent apprendre à travailler et à vivre longtemps dans l'espace avant de se lancer dans des missions plus lointaines, vers la Lune ou vers Mars. La station spatiale (ou son successeur) pourrait aussi servir de relais pour ces missions futures...

EN ROUTE VERS LA PLANÈTE MARS

— *Est-il prévu d'envoyer un jour des hommes sur Mars ?*

N. P. — Mars semble cristalliser aujourd'hui tous les fantasmes spatiaux de l'humanité. Des projets pour y envoyer des astronautes existent depuis longtemps, mais ce ne sera pas pour tout de suite. A court terme, on envisage plutôt d'envoyer des robots, ce qui semble assez raisonnable. Cela coûtera moins cher que l'envoi d'astronautes et permettra d'enrichir notre compréhension de la planète rouge. Les sondes Viking (dans les années 1970) et Pathfinder (en 1997) ont déjà effectué des analyses du sol et de l'atmosphère martienne. Un projet ambitieux actuellement à l'étude, et auquel participe la France, prévoit le rapatriement d'échantillons du sol martien par des robots pour une analyse en laboratoire. Mais il y a toujours des impatients qui pensent que, pour un coût légèrement supérieur, nous pourrions envoyer aussi des astronautes, ce qui aurait un impact énorme sur l'opinion publique, supérieur même à celui du projet Apollo.

— *Quelles techniques seront utilisées quand il s'agira d'envoyer des humains sur Mars ?*

N. P. — Là aussi, il existe deux options : l'une prudente, l'autre radicale. Selon certains, la Lune devrait servir de rampe de lancement pour aller plus loin, notamment sur Mars. Le principal écueil, en effet, pour envoyer des hommes sur Mars, est qu'il faudrait tout emporter depuis la Terre, notamment le combustible du vaisseau pour les voyages aller et retour. Or, nous l'avons vu, il est très coûteux de s'arracher du champ d'attraction de notre planète. En revanche, la Lune a un champ gravitationnel six fois plus faible que celui de la Terre, et l'on y trouve de l'oxygène, le combustible principal de nos fusées chimiques actuelles (qui brûlent un mélange d'oxygène et d'hydrogène). Il est vrai qu'il n'y a pas d'hydrogène sur la Lune, il faudrait donc en apporter depuis la Terre. Mais on y trouverait au moins de l'oxygène, qui est huit fois plus lourd que l'hydrogène. L'idée est donc d'installer d'abord une petite usine lunaire pour extraire l'oxygène de la surface de notre satellite. On pourrait alors l'utiliser pour alimenter les fusées qui seraient assemblées en orbite circumterrestre et se rendraient par la suite sur Mars.

— *Et quelle est la deuxième option ?*

N. P. — L'option « par petits pas » (d'abord la Lune, puis Mars) semble assez raisonnable. Mais certains sont pressés : « Il faudra des décennies pour développer toutes ces infrastructures sur le sol lunaire, disent-ils. Pourquoi retarder si longtemps ce rêve d'envoyer des humains sur Mars si on peut s'y rendre autrement ? » Cette conception est fondée sur le projet « Mars Direct », proposé au début des années 1990 par l'Américain Robert Zubrin. Selon les défenseurs de ce projet, il ne serait plus nécessaire de transporter depuis la Terre la totalité du combustible nécessaire au voyage retour, on le produirait sur place. Mars possède en effet une atmosphère relativement peu dense, à base de gaz carbonique — qui contient du carbone et de l'oxygène. L'idée de Zubrin est d'y installer une petite usine automatique d'extraction du gaz carbonique, de séparer l'oxygène du carbone, de fabriquer du méthane et d'utiliser ce dernier comme combustible pour le voyage retour. Ces idées ont été reprises par la Nasa, qui a développé ses propres projets.

— Dans combien de temps serons-nous prêts à envoyer des hommes sur Mars ?

N. P. — Selon les plans de la Nasa, deux missions préliminaires précéderont le premier voyage des astronautes. Leur objectif sera de tout préparer minutieusement : il faudra installer à la surface de Mars deux modules pour extraire le combustible destiné au voyage de retour, deux modules, placés en orbite circummartienne, destinés à ramener les astronautes sur Terre, ainsi que les navettes qui les ramèneront de la surface martienne jusqu'à ces modules de retour. Tout cela devra être mis en place avant d'envoyer les humains. Si tous les modules sont prévus en double, c'est pour se prémunir contre la possible défaillance d'un des systèmes qui risquerait de faire échouer la mission. Espérons que ces mesures dites « de redondance » seront suffisantes. En tout cas, les astronautes sauront avant leur départ pour Mars que tout est prêt sur place pour leur voyage de retour. Ils pourront donc partir (relativement) rassurés... Mais la mise en exécution de ce projet n'est pas pour demain. Il me semble difficile d'envisager une mission de ce type avant une quinzaine d'années.

— *Quelle est la durée prévue pour un tel voyage ?*

N. P. — Environ trois ans, aller et retour, séjour sur Mars compris.

— *Cela n'a, en effet plus rien à voir avec le voyage vers la Lune !*

N. P. — Le voyage lui-même durera entre six et neuf mois. Mais il faut tenir compte des « fenêtres de lancement », parce que Mars et la Terre tournent autour du Soleil à des vitesses différentes ; leurs positions mutuelles ne sont pas toujours favorables au lancement d'une fusée d'une planète à l'autre, surtout si l'on veut que la mission coûte le moins cher possible en termes d'énergie. Il faut donc attendre que les deux planètes se trouvent dans un certain alignement, ce qui retardera d'autant le voyage de retour. Au total, il faut donc prévoir une expédition d'environ trois ans. A peu près la durée du voyage de Magellan autour du globe.

— *C'est une belle comparaison !*

N. P. — Oui, mais Magellan a voyagé la plupart du temps en faisant du cabotage le long des côtes ; il pouvait débarquer en cas de gros problèmes en mer. Tandis que, si les astronautes rencontrent un problème, il n'y aura personne dans le coin pour les dépanner...

— *Pourquoi privilégierait-on Mars pour ce premier voyage après le débarquement sur la Lune, et non Mercure ou d'autres planètes ? A cause de sa proximité ?*

N. P. — Non, puisque Vénus, par exemple, est légèrement plus proche de la Terre que la planète rouge. Si Mars nous intéresse tellement, c'est pour une raison pratique : elle est la seule planète sur laquelle nous puissions nous poser sans trop de problèmes. Sur Vénus, ce serait impossible, à cause de son atmosphère très épaisse et dense, composée non seulement de gaz carbonique, mais aussi d'acide sulfurique, ce qui la rend extrêmement corrosive. Quant à Mercure, qui est très proche du Soleil, il y fait beaucoup trop chaud ! L'énergie reçue y est six fois plus intense que sur la Terre : pour que des humains puissent y séjourner, il faudrait installer des systèmes de refroidissement très performants. En outre, il faudrait plus d'énergie pour rapatrier un vaisseau depuis Mercure que depuis Mars, car la première est plus « enfoncée » dans le puits gravitationnel du Soleil. Des sondes ont déjà été envoyées autour de Mercure, mais, pour les humains, cela pose des problèmes impossibles à résoudre à court terme. En revanche, Mars ne présente pas de difficulté majeure de ce point de vue. Sa gravité est à peu près la moitié de la gravité terrestre : on peut donc s'y promener agréablement. Certes, il y fait froid, mais pas plus que sur la Lune. Au contraire, grâce à l'atmosphère, même ténue, dont Mars est dotée, les variations de température entre le jour et la nuit sont moins importantes que sur la Lune.

— *Quel est l'intérêt pour l'humanité de fouler le sol de Mars ?*

N. P. — On pourrait débattre longtemps de cette question. Notre curiosité naturelle et notre instinct d'exploration sont-ils des raisons suffisantes ? L'avantage d'y envoyer des astronautes est qu'ils seront capables, contrairement à des robots, de faire face à une situation inattendue. Si l'on envoie des robots sur Mars, ils pourront accomplir les tâches élémentaires pour lesquelles ils auront été programmés, par exemple, prélever des échantillons du sol martien, les mettre dans un sac et les ramener sur Terre. Mais si un problème surgit, il est certain que les robots ne pourront pas réagir ; et il serait difficile de les télémanipuler depuis la Terre, puisque le temps d'aller-retour d'un message sur Mars est d'au moins dix minutes. Rien ne peut remplacer la présence des humains pour faire face à l'imprévu.

Mais que pouvons-nous espérer en retour, pour un investissement si important ? Dans le cas de la Lune, par exemple, on peut miser sur l'exploitation de son hélium-3, qui pourrait alimenter nos futurs réacteurs à fusion thermonucléaire. Beaucoup pensent en effet que la fusion thermonucléaire est la solution idéale à nos besoins énergétiques à venir, parce que c'est une source d'énergie abondante et non radioactive. Mais elle nécessite l'hélium-3, élément qui n'existe pas sur la Terre. Pour ce qui concerne l'envoi des humains sur Mars, en dehors des arguments liés à la « soif de connaissance » ou à l'« instinct d'exploration », qui me semblent insuffisants, je ne vois qu'un seul argument fort, mais il ne devient valable qu'à très long terme : la possibilité de transformer cette planète pour la rendre habitable par l'homme.

— N'est-ce pas ce qu'ont imaginé certains auteurs de science-fiction ?

N. P. — Oui, mais ils ne sont pas les seuls ; les scientifiques eux aussi ont étudié la question pour évaluer si ce « fantasme » est réalisable. Il semble qu'il le soit, du moins en théorie : nous pourrions transformer le climat de Mars et rendre son atmosphère respirable. C'est ce qu'on appelle le « terraformage », qui consisterait à créer une seconde « Terre » dans notre Système solaire.

— Il faudrait sans doute plusieurs décennies pour y parvenir ?

N. P. — Plutôt un bon millénaire, du moins selon les hypothèses les plus sérieuses ! Ou, à la rigueur, quelques siècles seulement, si nous parvenons à introduire sur Mars des organismes génétiquement modifiés qui pourraient effectuer plus rapidement le travail des algues bleues. Car il ne faut pas oublier que c'est grâce à la photosynthèse de ces algues que l'atmosphère de la Terre s'est enrichie en oxygène il y a deux milliards d'années, ce qui a permis à la vie de sortir des océans pour s'établir sur les continents. A mon sens, la possibilité de terraformer Mars est un argument fort pour se décider à y envoyer un jour des humains. Cela s'avérera peut-être un jour très précieux si la Terre est détruite par l'homme (holocauste nucléaire ou guerre bactériologique) ou par une collision avec une comète ou un astéroïde. Il n'est jamais bon de garder tous ses œufs dans le même panier...

— *Vous citez dans* Voyages vers le futur *cette phrase d'un roman de science-fiction : « Il serait dangereux de laisser l'intelligence à la surface d'une seule planète, d'où elle pourrait être balayée. »*

N. P — Il s'agit du livre de l'Américain Kim S. Robinson, *Mars la Rouge.* Il y présente de manière exemplaire les arguments pour ou contre le terraformage de Mars. L'un de ses personnages défend la thèse selon laquelle nous aurions intérêt à préparer une deuxième Terre, au cas où la vie sur notre planète serait détruite par une catastrophe cosmique. Nous aurions au moins l'assurance que l'intelligence ne disparaîtrait pas totalement dans cette région de l'Univers. Cela me paraît assez convaincant. Si l'on raisonne à cette échelle, nous avons effectivement intérêt à répandre la vie ailleurs — et l'endroit le plus propice, pour l'instant, paraît être la planète Mars.

— *Ce serait notre maison de campagne !*

N. P. — Pas vraiment, car les conditions sur Mars, même terraformée, seront loin d'être aussi idylliques que sur notre vieille, mais très belle Terre. Cela dit, l'acquisition de cette « maison » n'est pas pour demain.

— *N'y a-t-il pas d'autres planètes, ou des satellites de planètes, comme Titan, qui soient susceptibles d'être terraformés ?*

N. P. — Je ne le pense pas, du moins dans le cadre de nos connaissances actuelles et de nos capacités technologiques prévisibles pour les siècles à venir. Si l'on s'intéresse actuellement à Titan, qui est le plus gros satellite de Saturne, c'est parce que c'est le seul lieu dans le Système solaire, en dehors de la Terre, où l'atmosphère soit riche en azote. Cet élément, chimiquement inerte, est assez rare sur les autres planètes et satellites du Système solaire. Or l'azote représente 80 % de l'atmosphère terrestre — et 50 % de l'atmosphère de Titan, ce qui excite la curiosité des astronomes. Mais il n'est pas sûr que Titan soit terraformable. Même si l'on arrivait à l'échauffer suffisamment en utilisant la fusion thermonucléaire, il est très difficile d'imaginer que par la suite l'homme puisse s'y installer. Car l'homme et les animaux ont besoin de l'oxygène produit par la photosynthèse des plantes. Or, pour que la photosynthèse puisse avoir lieu, il faut un minimum d'intensité de lumière solaire. Titan étant dix fois plus éloigné du Soleil que la Terre, l'intensité de la lumière solaire y est cent fois plus faible. Dans ces conditions, il ne peut y avoir de photosynthèse naturelle. Il est donc très difficile d'imaginer que Titan puisse être terraformé.

— *En dehors du terraformage, si Mars suscite un tel intérêt ne le doit-on pas à la présence de possibles traces de vie ?*

N. P.— Peut-être, mais soyons prudents ! On sait maintenant que le rapport d'une équipe de la Nasa annonçant, en 1997, la découverte de traces de vie dans une météorite d'origine martienne trouvée en Antarctique, était inexact. On n'a jusqu'à présent trouvé aucune trace de vie sur Mars. Il est vrai qu'il existe des indices convaincants selon lesquels l'eau aurait coulé autrefois à la surface de la planète rouge. Mais cela ne signifie nullement que la vie existe ou ait existé sur Mars. Si l'existence de l'eau est une condition nécessaire pour le développement de la vie, est-elle suffisante ? Certains affirment que la présence de l'eau en surface impliquerait que la vie a dû s'y développer, ne serait-ce que sous la forme de micro-organismes. Quand l'eau a disparu, ces micro-organismes se seraient réfugiés dans le sous-sol de la planète pour se protéger des rayons ultraviolets. C'est possible, mais pour l'instant ce n'est qu'une spéculation gratuite. Nous n'avons pas encore exploré le sous-sol martien, il faudra donc y envoyer des sondes capables d'effectuer des forages. Cela fait partie des projets envisagés pour les années à venir. Il se peut qu'il y ait des formes de vie microscopiques dans le sous-sol de Mars, mais, en l'état actuel de nos connaissances, nous ne pouvons ni l'exclure ni l'affirmer.

— Si l'on découvrait des formes de vie primitives, cela accélérerait-il les projets d'implantation de la vie terrestre sur Mars ?

N. P. — Bien au contraire ! Si l'on trouvait des formes de vie différentes de la nôtre sur Mars, ce sera une très bonne nouvelle pour ceux qui pensent que la vie existe ailleurs dans l'Univers : cela prouverait en effet que la vie peut éclore sous différentes formes, et pas seulement sous la seule forme déjà connue. Et nous réfléchirions à deux fois avant d'envoyer des astronautes sur Mars, et de mettre en œuvre le terraformage. Car nous n'aurions pas le droit de prendre le risque d'éradiquer cette forme de vie autochtone en essayant d'y implanter la nôtre. Même en l'absence de traité officiel, les scientifiques sont d'accord sur ce point : si nous découvrons un jour une forme de vie originale, ailleurs dans l'Univers, il faudra tout faire pour la préserver, la laisser en l'état. Maintenant, que faire si cette forme de vie est identique à la nôtre, fondée sur la chimie du carbone et transmise par l'ADN ? Se serait-elle développée de manière indépendante de la vie sur Terre ? Cela impliquerait que la présence d'eau eût favorisé l'émergence de formes de vie identiques. Ou bien y aurait-il eu interaction entre la Terre et Mars, l'une ayant « ensemencé » l'autre ? Ou, encore, les deux planètes auraient-elles été fertilisées par une forme de vie venue d'ailleurs, par exemple des comètes ?

— *Mais cela constitue une puissante motivation pour aller sur Mars ?*

N. P. — Sans aucun doute. La Nasa, qui essaie d'obtenir des crédits pour ses missions futures, met en avant cet argument. Mais, si l'on y trouve des traces de vie, on les étudiera plutôt à l'aide de robots ; l'implantation des humains sur Mars s'en trouverait fortement ralentie.

— *Quel est votre sentiment personnel sur cette question ?*

N. P. — Je suis agnostique. Mais, si j'avais à parier, je parierais que l'on ne trouvera rien. Car je suis convaincu que l'émergence de la vie est un phénomène rare. Cependant, à ce niveau, ce n'est pas une question de science (car nous n'en savons pas assez pour nous faire une idée), mais d'intuition. Avec Hubert Reeves, nous avons parié, il y a quelques années, sur l'existence d'une vie martienne, au niveau microscopique, bien entendu. Il est optimiste, et il y croit. Nous verrons bien !

DES OBSTACLES SUR LE CHEMIN

— *Le vol habité à destination de Mars, comme pour toutes les destinations plus lointaines, n'ira certainement pas sans poser des problèmes techniques de plus en plus complexes. Quels sont-ils ?*

N. P. — Il y a d'abord le problème des rayons cosmiques, ces particules énergétiques en provenance de la Galaxie, mais aussi de notre Soleil, qui sillonnent l'espace à toute vitesse. Sur Terre, nous en sommes protégés, car notre planète possède un double bouclier : la magnétosphère et l'atmosphère. Mais, dès que l'on sort de l'atmosphère, ce problème se pose. Les astronautes qui sont allés sur la Lune ont été bombardés par ces rayons cosmiques, mais leur séjour était court et les doses reçues sont restées faibles.

— *Est-ce de la radioactivité ?*

N. P — Plus ou moins. La radioactivité classique est produite par des particules énergétiques — électrons, rayons gamma et noyaux alpha. Mais les rayons cosmiques contiennent aussi des protons énergétiques, dont l'effet sur l'organisme n'est pas tout à fait le même. En effet, selon sa nature, chacun de ces rayonnements a un pouvoir de pénétration plus ou moins grand. Certains ne pénètrent pas plus loin que la peau et se contentent de provoquer des brûlures ; d'autres vont plus loin et peuvent endommager les tissus, les cellules, notre matériel génétique, etc.

— *Les combinaisons des astronautes ne suffisent-elles pas à les protéger ?*

N. P. — Malheureusement, ces particules sont si chargées en énergie qu'elles passent aisément à travers. Pour une protection efficace, il faudrait des combinaisons beaucoup plus épaisses et plus lourdes, mais alors les astronautes ne pourraient plus faire un geste !

— En somme, on ne peut actuellement rien faire contre ces rayons cosmiques ?

N. P. — On pourrait entourer le vaisseau d'un bouclier constitué de matériaux très lourds, comme le plomb. Mais il faudrait un bouclier épais de plusieurs centimètres, ce qui augmenterait beaucoup le poids du vaisseau.

— Comment régler ce problème ? Ce seraient des voyages suicidaires pour les astronautes, s'ils étaient appelés à vivre trois ans dans l'espace sans protection...

N. P. — Suicidaires, peut-être pas, mais certainement à haut risque. Personne ne sait encore évaluer les conséquences de faibles doses de radioactivité. Tous les organismes ne réagissent pas de la même manière, certains sont plus résistants que d'autres. Les rayons cosmiques augmenteront les probabilités d'avoir un cancer ou une leucémie, mais dans quelles proportions ? Il est très difficile de l'évaluer à l'heure actuelle. Un cancer peut ne se manifester que vingt ans plus tard. Au bout de vingt ans, ces astronautes seraient peut-être morts pour d'autres raisons. En revanche, les dégâts subis par leur matériel génétique poseront problème dans le cas où ils voudront avoir des enfants à leur retour.

— Quels sont les autres problèmes que rencontreront les astronautes du futur ?

N. P. — L'un des principaux écueils est celui de l'apesanteur. L'expérience des cosmonautes sur Mir a montré que, lorsqu'on passe plusieurs semaines en apesanteur, un certain nombre d'effets néfastes pour l'organisme se manifestent. L'organisme à du mal à métaboliser le calcium — ce qui fragilise la structure osseuse —, les systèmes musculaire et cardio-vasculaire sont affaiblis. Dans un champ gravitationnel comme celui de la Terre, nous faisons sans cesse travailler nos muscles, même inconsciemment, pour lutter contre la gravité, ce qui maintient notre système musculaire en bon état. En apesanteur, les muscles ne fonctionnent guère, car ils ne sont plus obligés de faire d'efforts. Ils s'atrophient donc assez rapidement. Ainsi, quand les spationautes reviennent sur Terre après un long séjour sur Mir, ils se sentent écrasés par la gravité de notre planète et il leur faut quelques semaines de rééducation pour fonctionner à nouveau normalement. Or, les astronautes une fois arrivés sur Mars ne trouveront personne pour les accueillir, et ils devront être tout de suite opérationnels.

— *Ne pourrions-nous pas fabriquer artificiellement de la gravité ? Nous avons tous en mémoire les images d'Hergé, dans* On a marché sur la Lune, *où Tintin appuie sur une manette pour rétablir la gravité au sein de la fusée lunaire...*

N. P — Ce serait parfait, mais malheureusement ce n'est pas aussi simple ! Le seul moyen que nous ayons actuellement pour générer une gravité artificielle est d'utiliser une autre force, la force centrifuge. Si vous êtes dans un cylindre qui tourne, la force centrifuge vous colle contre la paroi. Si vous vous placez debout sur la paroi, vous subissez une force de gravité dirigée vers l'extérieur. Plus le cylindre tourne vite, plus cette force est grande. Mais, dans une petite station comme Mir ou la future station spatiale, une telle solution est impensable :

pour créer une gravité suffisamment élevée, il faudrait faire tourner la station sur elle-même plusieurs fois par minute, ce qui serait insupportable pour l'organisme.

— *Cela veut-il dire que l'on ne pourra pas, dans les stations spatiales du futur, recréer une gravité ? L'idée d'installer des villes dans l'espace ne serait-elle pas absurde, alors ?*

N. P. — Pas du tout ! L'intensité de la force centrifuge dépend aussi de la distance par rapport à l'axe de la rotation : plus on en est éloigné, plus la force est grande. Pour un objet de très grande taille — quelques centaines de mètres de rayon —, il suffirait d'une rotation relativement lente pour créer une gravité suffisante. Il nous faudrait donc imaginer des structures assez grandes. Les projets de colonies spatiales des années 1970 concevaient des structures d'un rayon de plusieurs centaines de mètres.

— *Cela paraît réaliste pour une station spatiale placée en orbite autour de la Terre, mais peut-on imaginer un vaisseau spatial de plusieurs centaines de mètres ?*

N. P. — Dans le futur lointain, certainement (le vaisseau Entreprise dans la série *Star Trek* est de cette taille !). Mais, à court terme, sans doute pas. Dans son projet intitulé « Mars Direct », Robert Zubrin a suggéré d'utiliser le dernier étage d'une fusée de la manière suivante : d'habitude, à mesure que leur combustible est utilisé, les étages sont largués dans l'espace l'un après l'autre. L'idée de Zubrin consiste à maintenir le dernier étage relié au module des astronautes par un câble d'une centaine de mètres environ. Une fois la liaison stabilisée, de petites fusées latérales seraient mises à feu pour imprimer au système une rotation autour de son centre de masse. Cette rotation, maintenue pendant le voyage, permettrait de créer une légère force centrifuge à l'intérieur du module habité par les astronautes. Elle ne représenterait que 40 % de la gravité terrestre, mais cette valeur correspond justement à la gravité martienne.

— *Cette solution est-elle réalisable ?*

N. P. — C'est une manœuvre à haut risque. Si le câble se cassait, cela pourrait désorienter le système : au lieu de se diriger vers Mars, la fusée irait se perdre dans l'espace. Mais le problème des rayons cosmiques est plus sérieux. Non, nous ne sommes pas encore prêts à envoyer des hommes sur Mars. Mais il n'est pas impossible que ces problèmes soient en grande partie résolus d'ici à une dizaine d'années.

Voyages dans le Système solaire

— *Dans combien d'années irons-nous visiter Jupiter ou Saturne ?*

N. P. — Ces planètes sont beaucoup plus éloignées de la Terre que Mars. Ce sont d'énormes boules de gaz qui ne possèdent pas de surface solide sur laquelle nous pourrions nous poser. En revanche, nous pourrions atterrir sur certains de leurs nombreux satellites. Avec les fusées chimiques actuelles, un voyage aller simple prendrait plusieurs années. Pour un voyage aller-retour, il faudrait une douzaine d'années au moins et des quantités colossales de combustible, difficiles à transporter depuis la Terre. En fait, les voyages au-delà de Mars ne se feront sans doute pas avec des fusées chimiques, mais grâce à d'autres modes de propulsion.

— *Comment voyez-vous ces nouveaux modes de propulsion ?*

N. P. — Parmi ceux déjà étudiés, j'en citerai trois : propulsion ionique, voilier solaire, énergie nucléaire — fission ou fusion thermonucléaire contrôlée.

— *Quelle vitesse pourrions-nous atteindre grâce à ces techniques ?*

N. P. — Chacune d'elles présente des avantages de nature différente, mais on peut dire que le temps du voyage serait approximativement dix fois plus court.

— *Qu'est-ce que la propulsion ionique ?*

N. P. — Qu'est-ce qu'un atome ? Un noyau entouré d'électrons et dont la charge électrique est nulle, ce qui signifie que l'on ne peut utiliser un champ magnétique pour le déplacer. En revanche, un ion est un atome qui a perdu un ou plusieurs de ses électrons. Il est donc électriquement chargé et, par conséquent, réceptif à la force exercée par un champ électrique ou magnétique. Les moteurs ioniques fonctionnent en accélérant des ions contenus dans un gaz, d'habitude, le xénon, à l'aide d'un courant électrique à haute tension. Les ions sont ainsi éjectés à grande vitesse hors de la fusée et celle-ci est propulsée dans la direction opposée, selon le principe « action = réaction » de Newton.

— *Ce type de moteur existe-t-il déjà ou est-il purement imaginaire ?*

N. P. — Plusieurs prototypes sont à l'étude, notamment celui qui équipe la sonde Deep Space 1 de la Nasa. Le générateur électrique de cette sonde est alimenté en énergie par des panneaux solaires, mais n'importe quelle autre source d'énergie, par exemple, un petit réacteur nucléaire, ferait l'affaire. Les moteurs ioniques fournissent une poussée dix fois plus grande par gramme de combustible que les moteurs chimiques, ce qui réduirait beaucoup le poids du chargement de la fusée. En outre, pour le même poids de combustible, la fusée est en état d'accélération pendant plus longtemps et acquiert ainsi une vitesse finale plus élevée.

— *Et les voiliers solaires, comment fonctionnent-ils ?*

N. P. — Le principe de base est assez simple. Il a été conçu dans les années 1920 par le pionnier de l'astronautique Konstantin Tsiolkovski (1857-1935), celui-là même qui a suggéré l'utilisation des fusées pour se déplacer dans l'espace. Une énorme voile, aussi légère et réfléchissante que possible, serait déployée dans l'espace, où elle recevrait la poussée des photons du Soleil. Cela paraît bizarre de penser que les photons, ces particules si éthérées qu'elles nous semblent immatérielles, puissent parvenir à pousser quoi que ce soit ; et pourtant, c'est le cas. La voile se trouverait soumise à la poussée constante des photons solaires ; elle serait en accélération permanente et finirait par atteindre des vitesses très élevées.

— *Pourquoi cette accélération constante ?*

N. P. — Si vous exercez sans interruption une poussée égale sur un objet, il se déplacera de plus en plus vite. Une force constante crée une accélération constante, donc une vitesse croissante. Il en est de même avec les moteurs de fusées chimiques. S'ils restaient tout le temps allumés avec la même intensité, la fusée continuerait son accélération. Mais ce n'est pas possible, car leurs réserves de combustible s'épuisent rapidement. En revanche, l'énergie du Soleil est toujours disponible, elle pousse toujours avec la même intensité et dans la même direction.

— *Sauf peut-être si l'on s'éloigne trop du Soleil ?*

N. P. — Très juste ! L'intensité de la lumière solaire, comme celle de n'importe quelle source lumineuse, décroît avec le carré de la distance. Plus nous nous éloignerons du Soleil, en allant par exemple vers Jupiter ou Saturne, plus l'accélération faiblira. Dans la région de Saturne, elle sera cent fois plus faible que dans le voisinage de la Terre ; il faudra donc utiliser d'autres moyens pour le voyage retour. Mais, pour des voyages à l'intérieur du Système solaire, dans l'orbite de Mars, les voiliers solaires restent très prometteurs.

— A-t-on déjà déployé un voilier solaire dans l'espace ?

N. P. — Non, ce projet n'existe encore que sur le papier. La Nasa a présenté plusieurs projets de ce type dans les années 1980, mais aucun prototype n'a encore été lancé dans l'espace.

— Qu'en est-il de l'énergie nucléaire ?

N. P. — On peut équiper des fusées de petits réacteurs à fission nucléaire. La fission consiste à casser des noyaux lourds, comme celui de l'uranium, pour produire des noyaux plus légers. Ce processus fournit de l'énergie avec une efficacité plusieurs millions de fois plus grande que la combustion chimique : il est utilisé depuis longtemps dans nos centrales nucléaires. Pour les besoins d'une mission spatiale, il faudrait un petit générateur compact. Or ce type de moteur a déjà volé dans l'espace. Le moteur de la sonde Galilée, qui a atteint la région de Jupiter en 1995, ainsi que celui de la sonde Cassini, lancée en 1997 et qui arrivera sur Saturne en 2004, sont équipés de générateurs nucléaires de fission de l'uranium.

— Ce type de propulsion ne constitue-t-il pas une menace pour l'homme et son environnement ?

N. P. — Au moment du lancement de la sonde Cassini se sont élevées, en effet, des protestations émanant d'associations écologistes. En cas d'accident lors du lancement, l'uranium aurait pu se disperser dans l'atmosphère ; dans ce cas, le danger proviendrait non pas de la radioactivité de l'uranium — qui décroît lentement, pendant plusieurs milliards d'années, et présente donc une radioactivité peu intense —, mais de la toxicité de l'uranium qui est un poison chimique, propriété qui n'a rien à voir avec sa nature nucléaire. Il y avait donc quelque raison de s'inquiéter, mais il ne s'agissait que de très petites quantités d'uranium, suffisantes pour faire tourner les petits moteurs des sondes. Il en irait tout autrement pour un vaisseau spatial destiné à emmener des hommes sur Mars ou plus loin. Il en faudrait alors des quantités beaucoup plus grandes et le danger serait autrement plus grave.

— *Au-delà de ces problèmes technologiques, qui seront sans doute résolus un jour, quel est finalement, compte tenu du coût exorbitant de ces expéditions, l'intérêt pour l'humanité d'explorer l'espace interplanétaire ?*

N. P. — Je ne sais si l'on peut répondre clairement à cette question aujourd'hui. La soif de connaître et d'explorer ne suffit pas, à mon sens, à justifier le coût exorbitant qui serait celui de missions habitées vers les autres planètes du Système solaire, sauf si un miracle technologique les rend plus abordables. Ces voyages deviendront réalité à partir du moment où l'on y verra un investissement rentable. C'est seulement dans ce cas que les financiers, publics ou privés, décideront d'y consacrer les fonds nécessaires.

— *Quel type de bénéfices pourront-ils en tirer ?*

N. P. — L'un des intérêts majeurs des voyages spatiaux, au cours desquels on enverrait des hommes travailler dans l'espace, serait peut-être l'exploitation des ressources des astéroïdes. Ces rochers de l'espace renferment de précieuses richesses naturelles. Ils contiennent des éléments volatils — carbone, azote, oxygène — et de nombreux métaux : des éléments du groupe du fer ou même des éléments précieux comme l'or ou le platine.

Parmi les éléments volatils, l'hydrogène et l'oxygène seraient utiles en tant que combustibles pour nos fusées chimiques ; l'oxygène serait aussi utilisé dans les atmosphères artificielles des colonies lunaires et spatiales, tout comme l'azote. Les divers métaux seraient utilisés pour la construction des stations spatiales ou de gigantesques panneaux solaires qui approvisionneraient notre planète en énergie. Ces métaux pourraient même intéresser, à long terme, notre industrie sur Terre. Vous savez que l'extraction des métaux de la croûte terrestre exigera de creuser à des profondeurs de plus en plus grandes, car les gisements en surface deviennent rares. Il nous faudra donc dépenser des quantités croissantes d'énergie pour faire ce travail, contribuant évidemment à la pollution thermique de la Terre.

Si nous voulons préserver notre planète, nous aurons intérêt à nous procurer nos métaux ailleurs. La valeur commerciale potentielle d'un astéroïde d'un kilomètre de diamètre — objet tout à fait banal — est actuellement estimée à plusieurs centaines de milliards de dollars. Les grandes constructions spatiales du futur (stations, fusées, panneaux solaires) utiliseront d'énormes quantités de métaux et d'autres éléments qu'il serait impensable de transporter depuis la Terre. Nous en viendrons donc à les chercher ailleurs ; les astéroïdes constituent une excellente solution, parce qu'ils sont petits et ont, par conséquent, un champ gravitationnel très faible. Sur le plan énergétique, cela coûtera très peu d'y prélever des fragments. La distance n'est pas un facteur dissuasif, elle affectera seulement la durée du voyage, mais non le coût en énergie. L'auteur de science-fiction américain Robert Heinlein l'a bien dit : « Une fois sorti du champ gravitationnel de la Terre, vous avez fait la moitié du chemin vers n'importe quelle destination dans le Système solaire. » C'est pourquoi je pense que les projets d'exploitation des astéroïdes se concrétiseront beaucoup plus vite que, par exemple, l'installation de grandes colonies sur Mars.

— *Vous pensez donc que le* XXI*e siècle enverra des « astromineurs » travailler dans les lointaines « mines de l'espace » ?*

N. P. — Parmi les prédictions futuristes que l'on peut faire aujourd'hui, celle-ci me semble des plus raisonnables, en effet. Mais les projets actuels — qui remontent, en fait, à Tsiolkovski ! — prévoient de « capturer » l'astéroïde et de l'emmener en orbite autour de la Terre, où l'exploitation pourrait se faire plus facilement.

— *En le remorquant ?*

N. P. — En le poussant, plutôt, grâce à plusieurs petites fusées que l'on installerait à sa surface. Les fusées éjecteraient à grande vitesse une partie de la masse de l'astéroïde, qui serait alors propulsé dans le sens opposé. Ce travail ferait d'abord appel à des « cow-boys » de l'espace ; les « astromineurs » n'interviendraient que plus tard, une fois l'astéroïde mis en orbite circumterrestre. On voit déjà se profiler certains métiers d'avenir !

— *Dans* Voyages dans le futur, *vous évoquez également l'intérêt potentiel d'exploiter l'hélium-3, présent dans l'atmosphère de Jupiter et de Saturne...*

N. P. — La source d'énergie nucléaire la plus efficace est la fusion de l'hydrogène et de l'hélium. Elle est environ dix fois plus efficace que la fission de l'uranium. Cependant, malgré les efforts considérables déployés ces cinquante dernières années, nous ne maîtrisons pas encore la fusion (nous savons faire des bombes à hydrogène, mais pas des réacteurs). On peut raisonnablement espérer que nous parviendrons à la maîtriser au cours du prochain siècle. Son intérêt réside dans le fait qu'elle est beaucoup moins polluante que la fission, ne laissant pas de déchets radioactifs à longue durée de vie. Or la technique de fusion la plus prometteuse actuellement implique l'utilisation de l'hélium-3, un élément qui n'existe pas sur Terre mais est présent à la surface de la Lune, comme vous l'a rappelé Alfred Vidal-Madjar. L'exploitation de l'hélium-3 lunaire pourrait satisfaire la consommation énergétique de notre planète pendant un millénaire — mais elle nous conduirait à défigurer la Lune avec nos bulldozers. A beaucoup plus long terme, si l'on veut utiliser la fusion thermonucléaire à grande échelle (pour notre civilisation interplanétaire, ou pour des fusées interstellaires), on pourra, en effet, penser à l'hélium-3 des planètes géantes ; elles en renferment des quantités colossales, qui pourraient subvenir à nos besoins énergétiques pendant des milliards d'années, jusqu'à la mort du Soleil...

— *Le voyage vers les planètes géantes constituerait-il une étape indispensable avant de quitter le Système solaire ?*

N. P. — Pas une étape au sens où l'on s'y installerait avant de faire route vers les étoiles. Mais plutôt une station où l'on ferait le plein d'énergie. Ce serait comme passer à la pompe à essence avant de s'engager sur l'autoroute.

— *Cela signifie-t-il que l'homme devra exploiter toutes les richesses du Système solaire avant de pouvoir le quitter ?*

N. P. — Très probablement. Avant d'envisager des voyages interstellaires, nous devrons d'abord maîtriser les ressources du Système solaire dans son entier et pas seulement celles de la Terre. Je pense à la classification de l'astronome russe Nicolaï Kardashev dont Jean Heidmann vous a déjà parlé, selon laquelle on peut classer les civilisations futures de la Galaxie en trois catégories : les civilisations de type 1 seront celles qui parviendront à maîtriser les ressources énergétiques et matérielles de leur planète. Les civilisations de type 2 seront capables de maîtriser les ressources de leur système solaire. Les civilisations de type 3 maîtriseront les ressources de l'ensemble de leur galaxie...

— *Actuellement, nous en serions plutôt au type 0, vous ne trouvez pas ?*

N. P. — Disons que nous atteindrons peut-être le type 1 d'ici à quelques siècles. Dans quelques millénaires, nous pourrons accéder au type 2, si nous continuons à augmenter notre production énergétique. Mais il se peut aussi que nous en revenions au niveau 0...

VERS LES ÉTOILES

— *A quelle distance se trouve l'étoile la plus proche de nous ?*

N. P. — Les étoiles sont situées à des distances incommensurables avec celles que nous avons évoquées jusqu'à présent. Pour mieux appréhender l'échelle des distances interstellaires, il faut se référer à la vitesse limite, qui est celle de la lumière : trois cent mille kilomètres/seconde. La lumière met un peu plus d'une seconde pour franchir les quatre cent mille kilomètres qui séparent la Terre de la Lune. Neptune, l'avant-dernière planète du Système solaire, est dix mille fois plus éloignée ; sa lumière met environ treize mille secondes à nous parvenir, soit près de quatre heures. Multipliez encore ce chiffre par dix mille et vous obtenez quarante mille heures, soit un peu plus de quatre années-lumière : c'est la distance qui nous sépare de l'étoile la plus proche. Il faut bien garder ces proportions à l'esprit : une seconde de la Terre à la Lune, trois heures et demie jusqu'à Neptune, quatre ans jusqu'à la première étoile.

— *Quelle est l'étoile la plus proche du Soleil ?*

N. P. — Il s'agit d'un système composé de trois étoiles : une étoile double, Alpha du Centaure, composée de deux soleils assez semblables au nôtre, et un troisième objet, Proxima du Centaure, qui tourne lentement autour d'eux, avec une périodicité de plusieurs milliers d'années. On lui a donné ce nom parce que, pendant la phase actuelle de son orbite, qui dure environ trente mille ans, Proxima du Centaure est l'étoile la plus proche de nous. Elle est dix fois plus petite que le Soleil et trois mille fois moins lumineuse.

— *Comme nous ne pourrons jamais poser le pied sur une étoile, ne devrions-nous pas chercher à nous diriger vers une planète en orbite autour de l'une de ces étoiles ?*

N. P. — Sans doute ! Et il vaudra mieux l'avoir repérée avant le départ ! Cependant, en ce qui concerne le système Alpha du Centaure, les études menées jusqu'ici n'ont révélé aucun indice positif concernant la présence de planètes.

— *Alfred Vidal-Madjar nous a parlé des découvertes récentes de planètes extrasolaires. Qu'en pensez-vous ?*

N. P. — Depuis 1995, on découvre chaque année plusieurs nouvelles planètes. Ce sont des planètes très massives, du type de Jupiter, en orbite autour d'étoiles se trouvant à des dizaines d'années-lumière du Soleil. Vu leur masse, il s'agit certainement de géantes gazeuses, relativement peu intéressantes pour nous. Personne n'a encore détecté de petites planètes de type tellurique. Même s'il en existe, par exemple autour d'Alpha du Centaure, nous sommes incapables de les voir, car elles sont trop petites pour nos moyens d'observation actuels.

— *Mais il y en a peut-être...*

N. P. — Nous le saurons d'ici une quinzaine d'années, grâce aux nouveaux télescopes spatiaux actuellement à l'étude.

— *Pourrons-nous un jour aller vérifier sur place ?*

N. P. — Je pense que nous aurons les informations nécessaires longtemps avant d'entreprendre le premier voyage interstellaire ! Je crois aussi que les premières missions seront des allers simples sans équipage, pour des raisons évidentes : il nous faudra des renseignements très précis avant d'envoyer des humains. Néanmoins, pour que ces missions aient un sens, leur durée devra être inférieure à celle d'une vie humaine. Car, si les informations nous parviennent mille ans après le départ, elles seront probablement inutiles. Pour envoyer des sondes vers Alpha du Centaure — et les étoiles proches en général —, il faudra donc leur imprimer une vitesse d'au moins un dixième de celle de la lumière, soit trente mille kilomètres/seconde. Elles atteindront ainsi leur destination en quelques décennies.

— *Est-ce réaliste ?*

N. P. — Certainement pas aujourd'hui, mais nous parlons d'après-demain. Nos fusées les plus rapides peuvent atteindre quarante mille kilomètres/heure, il faudra donc augmenter leur vitesse plusieurs milliers de fois ! Actuellement, on ne sait pas comment fabriquer des fusées qui iraient à cette vitesse. Mais cela n'a pas découragé les chercheurs, qui déploient des trésors d'ingéniosité pour imaginer un pont vers les étoiles. Parmi les pistes explorées, il faudra en retenir trois, dans l'état actuel de nos connaissances : la fusion thermonucléaire contrôlée, dont nous avons déjà parlé, mais il s'agit ici d'une échelle beaucoup plus grande, l'antimatière et les voiles interstellaires.

— *Commençons par la fusion thermonucléaire.*

N. P. — Pour le moment, l'étude la plus sérieuse et la plus détaillée d'une telle mission interstellaire est le projet « Daedalus », de la Société interplanétaire britannique. Ce projet, conçu dans les années 1970, porte sur le voyage sans retour d'une sonde de quatre cent cinquante tonnes transportant plusieurs instruments de mesure vers l'étoile de Barnard (la plus proche du Soleil, après Alpha du Centaure), à une distance de six années-lumière. Pour que la sonde y arrive dans un demi-siècle, il lui faut atteindre une vitesse de trente mille kilomètres/seconde, ce qui implique une quantité colossale de combustible nucléaire : trente mille tonnes d'hélium-3 et vingt mille tonnes de ce fameux deutérium, dont Alfred Vidal-Madjar vous a parlé, qui devraient être extraits de l'atmosphère de Jupiter ou de Saturne. Après cinquante ans de voyage, la rencontre avec le système de Barnard ne durerait que quelques jours (pas question de décélérer, car la quantité de combustible nécessaire se mesurerait alors en millions de tonnes !). Les renseignements recueillis seraient transmis sur Terre, où ils arriveraient six ans plus tard. Si j'aligne ces chiffres, c'est pour vous donner une idée des performances possibles de la fusion thermonucléaire en tant que source d'énergie pour les fusées interstellaires.

— *Et l'antimatière ?*

N. P. — Malgré son image mythique dans le grand public, l'antimatière n'est en fait qu'une forme de la matière ordinaire, dont les propriétés ont été prédites par les physiciens. Curieusement, elle n'existe pas à l'état naturel dans l'Univers, mais on sait la fabriquer depuis des années dans les grands accélérateurs, comme celui du CERN (Centre européen pour la recherche nucléaire) à Genève. La collision des deux particules à haute énergie transforme une partie de cette énergie en antiparticules ; ainsi, on fabrique d'infimes quantités d'antimatière, noyau par noyau (ou antiproton par antiproton). Il est malheureusement difficile de les stocker : chaque fois que la matière et l'antimatière se rencontrent, elles s'annihilent mutuellement, tout en émettant d'énormes quantités d'énergie. Mais, depuis quelques années, on parvient à maintenir en captivité les antiparticules à l'aide des pièges magnétiques, et le problème de leur stockage ne semble pas insoluble. L'avantage de l'antimatière, c'est qu'il en faut très peu, car c'est la source d'énergie la plus efficace que l'on puisse imaginer : elle a un rendement de cent pour cent, soit deux cents fois supérieur à celui de la fusion nucléaire. Pour un projet du type « Daedalus » (aller simple d'une sonde de quatre cent cinquante tonnes vers une étoile proche), il ne nous faudrait qu'une dizaine de tonnes d'antimatière, et trois mille tonnes d'un fluide qui serait chauffé et éjecté vers l'arrière.

— *Quelle vitesse pourrions-nous atteindre avec l'antimatière ?*

N. P. — Au contact de la matière l'antimatière s'annihile et produit de la lumière — des photons gamma. On a, dans un premier temps, espéré que ce phénomène nous permettrait d'atteindre quasiment la vitesse de la lumière. Malheureusement, on n'arrive pas à canaliser ces photons gamma, car ce sont des photons de très haute énergie, et ils traversent tous les matériaux. Nous ne pouvons donc pas utiliser un miroir qui renverrait tous ces photons gamma dans une seule direction, ce qui nous aurait permis de propulser le vaisseau dans la direction opposée.

— *Ne pourrait-on utiliser des champs magnétiques ?*

N. P. — Non, cela ne pourrait fonctionner qu'avec des particules chargées électriquement. Or, les photons gamma ne sont pas chargés, on ne peut donc pas les faire dévier de leur trajectoire. Bref, comme il est impossible de canaliser les rayons gamma, il est impossible de les utiliser directement pour la propulsion. En revanche, dans la mesure où ils contiennent beaucoup d'énergie, on peut s'en servir pour chauffer un fluide ou un gaz et l'éjecter à grande vitesse. Mais cela réduit beaucoup les performances du système et il s'avère, finalement, que l'antimatière ne nous permettra jamais d'atteindre une vitesse supérieure à dix ou à vingt pour cent de la vitesse de la lumière.

— *Comme vous le disiez, il faudrait d'abord la produire, et à un coût élevé. Le problème n'est-il pas aussi d'ordre économique ?*

N. P. — Vous avez tout à fait raison. Aujourd'hui, fabriquer un milliardième de gramme d'antimatière revient à des dizaines de millions de dollars. Vous imaginez le coût, si l'on décidait de produire une tonne d'antimatière ! Tout simplement, cela dépasse les capacités technologiques et financières actuelles de notre civilisation.

Certains en arrivent donc à raisonner autrement et à s'interroger sur la faisabilité économique des projets de voyages interstellaires. Même si nous en avions les capacités techniques, à partir de quel prix déciderions-nous d'assumer une telle charge financière ? Selon une estimation basée sur le coût actuel de l'énergie, une fusée de quelques dizaines de tonnes et censée atteindre les étoiles proches en quelques décennies coûterait plusieurs trillions de dollars, soit plus que le PIB actuel des Etats-Unis ! Cela signifie que, même si nous en avions les capacités technologiques, nous ne pourrions pas nous l'offrir. Le produit brut d'un pays augmente, en général et en période de croissance, en moyenne de deux à trois pour cent par an. Si le coût du vaisseau interstellaire reste le même, ou évolue peu, un beau jour, il ne représentera que quelques pour cent du PIB. Il faut donc attendre que nos richesses aient augmenté d'un facteur cent par rapport à aujourd'hui, avant d'entreprendre nos premières missions vers les étoiles. A raison de un pour cent par an, cela prendra environ deux siècles. Cet argument est valable pour toutes les sources d'énergie actuellement connues mais tomberait si nous en trouvions une beaucoup moins chère ; dans ce cas, le premier voyage interstellaire pourrait être entrepris plus tôt.

— *Les voiliers solaires pourront-ils être réalisés plus rapidement ?*

N. P. — Oui, mais ils ne permettront que des déplacements à l'intérieur du Système solaire proche : Mars, Vénus, Mercure et les astéroïdes. Comme nous le disions, l'intensité de la lumière solaire diminue avec le carré de la distance. Au voisinage de Pluton, l'intensité lumineuse est mille six cents fois moins importante que sur la Terre, et les voiliers solaires ne seront plus opérationnels.

— *Il est donc impossible d'utiliser cette méthode pour aller vers les étoiles ?*

N. P. — Vous savez que l'esprit humain s'avoue rarement vaincu par la nature et n'aime pas le mot « impossible » ! Ainsi, l'Américain Robert Forward (physicien, spécialiste des systèmes de propulsion, et auteur de romans de science-fiction) a envisagé d'utiliser un rayon laser pour propulser ces voiliers au-delà du Système solaire. Un faisceau de lumière habituelle diverge rapidement lors de sa propagation, et son intensité diminue. En revanche, un faisceau laser reste toujours concentré et conserve son intensité, même à des distances lointaines. De gigantesques faisceaux laser alimentés par l'énergie solaire pourraient pousser des voiles interstellaires vers les étoiles proches.

La nouveauté, par rapport aux systèmes de propulsion que nous avons déjà envisagés — fusion thermonucléaire ou antimatière —, c'est que la source d'énergie ne se trouve pas sur le vaisseau. Cela a des avantages — on peut utiliser l'abondante énergie solaire sous une forme concentrée — mais aussi des inconvénients, car l'astronaute n'est plus maître de son vaisseau : il faut supposer que derrière lui, à la base de départ, pendant plusieurs décennies, quelqu'un continuera à l'alimenter en énergie, en captant la lumière du Soleil et en la focalisant sur son voilier. Il faut d'ailleurs insister sur l'extraordinaire travail de précision nécessaire pour guider le faisceau vers la voile dans l'immensité de l'espace, à plusieurs années-lumière.

— *Quelle taille auraient ces voiliers ?*

N. P. — Cela dépend du type de mission. Il existe des projets concernant des micro-voiles d'une vingtaine de grammes pour un diamètre de quelques dizaines de mètres ; les instruments de ces microvoiles — un défi pour les nanotechnologies du futur ! — nous enverraient des informations sur les étoiles proches et sur leurs éventuels systèmes planétaires. Il existe aussi des projets de missions habitées, où la voile aurait un diamètre de plusieurs centaines de kilomètres. Ces voiles couvriraient des superficies comparables à celle de la France et nécessiteraient une puissance des milliers de fois supérieure à celle que nous pouvons produire aujourd'hui pour atteindre les étoiles proches dans un délai raisonnable.

— Des mission habitées ? Mais, si le faisceau laser pousse toujours dans la même direction, il ne pourra assurer qu'un voyage aller-simple ! Comment les astronautes pourront-ils retourner sur Terre ?

N. P. — Je sais que cela semble a priori paradoxal, mais je peux vous assurer qu'il est possible, du moins en théorie, d'utiliser le même faisceau laser et la même voile, en la reconfigurant légèrement chaque fois, pour revenir sur Terre. La démonstration est un peu longue, mais elle se trouve dans *Voyages dans le futur* ainsi que dans les ouvrages de Robert Forward — c'est d'ailleurs lui qui l'a suggérée.

— De quelle matière seraient composées ces voiles interstellaires ?

N. P. — D'un matériau extraordinairement fin et aussi réfléchissant que possible. Dans les projets de voiliers solaires élaborés par la Nasa, le matériau choisi était l'aluminium. Pour les voiliers interstellaires, poussés par la lumière des lasers, des matériaux beaucoup plus performants seraient nécessaires.

— Où seraient installés les émetteurs laser ?

N. P. — Probablement en orbite autour de Mercure, parce que la lumière solaire y est plus abondante et qu'il est donc facile d'y capter de grandes quantités d'énergie. Leur lumière serait dirigée dans un premier temps vers une gigantesque lentille, de plusieurs centaines de kilomètres de diamètre, située près de Jupiter. Cette lentille serait capable de focaliser la lumière sur des distances astronomiques et d'assurer ainsi la propulsion du voilier jusqu'aux étoiles proches.

— Ne pourrait-on pas aussi se servir de ce rayon extrêmement puissant pour envoyer un signal à d'éventuelles civilisations extraterrestres ?

N. P. — Pour cela, il vaut mieux utiliser les ondes radio, qui sont beaucoup moins énergétiques que la lumière visible et ne sont pas absorbées par le gaz et les poussières de notre Galaxie. Elles nous permettraient donc d'envoyer nos messages beaucoup plus loin et moyennant une consommation énergétique bien plus faible. C'est la raison pour laquelle Jean Heidmann et les chercheurs de SETI utilisent des radiotélescopes pour tenter de capter un message venu d'ailleurs ou pour envoyer leurs propres messages.

— Aucune des technologies futuristes que vous examinez ne permet d'atteindre la vitesse de la lumière. Est-ce totalement inimaginable, même à très long terme ?

N. P — Il est impossible de faire de prédictions à très long terme, mais on peut difficilement taxer les chercheurs de manque d'imagination, surtout en ce domaine ! En 1960, l'Américain Robert Bussard a suggéré que le vaisseau pourrait recueillir son combustible en route. Il a remarqué que l'espace n'est pas vide

— on y trouve environ un atome d'hydrogène par centimètre cube. Pourquoi ne pas collecter cet hydrogène au passage pour alimenter une fusée à fusion thermonucléaire ? En effet, dès qu'il y a de l'hydrogène, on trouve toujours aussi un peu de deutérium et d'hélium-3, les noyaux clés de la fusion thermonucléaire. Bussard s'est inspiré du fonctionnement du moteur des avions à réaction, qui aspirent l'air par l'avant et l'éjectent par l'arrière. C'est astucieux : plus on va vite, plus on rencontre des quantités élevées d'hydrogène, et, avec ce surcroît de combustible, on pourrait connaître une accélération continue, jusqu'à atteindre, du moins sur le papier, des vitesses proches de celle de la lumière.

— Dans combien de temps pourrions-nous alors atteindre les étoiles proches ?

N. P. — A ces vitesses-là, nous pourrions profiter des effets relativistes. Selon la théorie de la relativité d'Einstein, le temps d'un système mobile, vu d'un seul repère, s'écoule plus lentement que celui d'un système au repos. Cet effet de distorsion temporelle est inobservable dans notre vie quotidienne en raison des vitesses impliquées, qui sont trop faibles, mais il devient important quand on atteint des vitesses proches de celle de la lumière ; par ailleurs, il a déjà été observé dans nos accélérateurs de particules, ce qui constitue l'une des preuves de cette théorie. D'où le célèbre « paradoxe des jumeaux » : l'un des deux jumeaux reste sur la Terre alors que son frère part pour un voyage spatial à une vitesse proche de celle de la lumière ; quand il revient de l'espace, il trouve que son frère resté sur Terre a vieilli beaucoup plus que lui. Bien entendu, cette expérience n'a jamais été réalisée.

— Cela veut-il dire que les astronautes pourraient atteindre de leur vivant des étoiles à des distances bien supérieures à quelques dizaines d'années-lumière ?

N. P. — En principe, oui ! Si l'on arrivait à mettre au point une telle fusée (dite *ramjet*), on pourrait atteindre Véga, à vingt années-lumière, en douze ans ! Au bout d'une quinzaine d'années — temps mesuré à bord du vaisseau —, on atteindrait Bételgeuse, la géante rouge la plus proche de nous, à mille cinq cents années-lumière. Au bout d'une vingtaine d'années, on parviendrait au centre de notre Galaxie, à vingt-cinq mille années-lumière d'ici. En trente ans, on arriverait à la galaxie d'Andromède, à presque trois millions d'années-lumière. Il ne nous faudrait que quarante-cinq ans pour arriver aux confins de l'Univers visible, à des milliards d'années-lumière !

— *C'est extraordinaire, mais est-ce réaliste ?*

N. P. — Des études théoriques ont montré que ce concept était trop beau pour être vrai. Une des difficultés majeures concerne l'alimentation en combustible. Le milieu interstellaire étant électriquement neutre, il faudrait l'ioniser par un intense faisceau laser, avant de déployer de gigantesques « filets » magnétiques — de la taille de la Terre ! — pour capter les ions interstellaires. Mais l'objection la plus importante est la suivante : pour brûler ce gaz aspiré dans le moteur à fusion thermonucléaire contrôlée, il faudrait évidemment l'introduire dans le moteur. Le vaisseau, lancé à grande vitesse, devrait encaisser l'impact de cette « rencontre » entre le gaz et le moteur, il serait alors freiné. Pour ces raisons, parmi d'autres, nous pensons aujourd'hui que le *ramjet* ne pourrait pas atteindre les extraordinaires performances imaginées par Bussard.

— *Compte tenu de toutes ces difficultés, est-il tout de même envisageable d'envoyer un jour des hommes dans les étoiles ?*

N. P. — Si l'on veut y aller « rapidement » — à une vitesse proche de celle de la lumière —, cela semble très difficile, en effet. Le triptyque « vitesse limite de la lumière, grandes distances interstellaires, courte durée de la vie humaine » a obligé les auteurs de science-fiction et les scientifiques à explorer l'idée des voyages interstellaires lents : les fusées voyagent à une faible fraction de la vitesse de la lumière et n'arrivent à leur destination qu'au bout de plusieurs siècles ou millénaires. Leurs systèmes de propulsion posent alors moins de problèmes. Il existe deux grandes classes de voyages de ce type. La première imagine des astronautes placés en état d'hibernation ou quasiment immortels. Même si les progrès futurs de la biotechnologie rendent possible un jour ce type de « miracle », je ne pense pas que cela représentera une option sérieuse. Durant les siècles du voyage, les progrès technologiques sur Terre permettront, peut-être, des voyages interstellaires rapides. Arrivés à destination, les astronautes découvriraient alors que toutes ces années sacrifiées au long voyage n'auront servi à rien puisque d'autres, partis plus tard, auraient atteint l'objectif avant eux !

— *Quelle est la deuxième catégorie de voyages interstellaires lents ?*

N. P. — Elle engage des colonies entières d'astronautes, vivant pendant des générations dans des « vaisseaux mondes » : des vaisseaux très grands, pouvant contenir des écosystèmes entiers, véritables modèles réduits du « vaisseau Terre » (dont nous sommes les passagers depuis des millions d'années). Dans la littérature de science-fiction, ces mondes flottants sont appelés « arches de l'espace » ou « vaisseaux des générations ».

— *S'agit-il d'une fantaisie de science-fiction ou d'une hypothèse plausible ?*

N. P. — L'idée vient du père de l'astronautique, Konstantin Tsiolkovski et du physicien anglais John D. Bernal, qui l'ont formulée chacun de leur côté vers le milieu des années 1920. La science-fiction s'en est emparée à partir des années 1940. Des études scientifiques (très préliminaires) ont été réalisées dans les années 1970. Mais le public est surtout fasciné par l'aspect sociologique de ce genre de voyage : vivre en autarcie, entre les étoiles, au sein de petites communautés de quelques milliers d'individus, cela ne constitue-t-il pas un laboratoire pour un projet de société utopique ? On a l'impression de retrouver les sociétés modèles de Saint-Simon, de Charles Fourier et des autres grandes figures du mouvement socialiste du XIXe siècle, revues et corrigées par la science du XXe siècle et la technologie du XXIIe... Or les problèmes inhérents à ce type de société utopique sont bien connus : absence de contact avec l'extérieur et de défis nouveaux à relever, repli de la société sur elle-même, stagnation, organisation sociale trop rigide, etc. Pour toutes ces raisons, les auteurs de science-fiction voient d'un œil plutôt pessimiste les missions des vaisseaux mondes, qui aboutissent le plus souvent à une catastrophe. Mais nous pouvons parfaitement imaginer ces sociétés évoluant dans la stabilité, tout en manifestant le dynamisme et la créativité nécessaires...

— *La « sociologie des vaisseaux mondes » : y voyez-vous une discipline enseignée à l'université du IVe millénaire ?*

N. P. — Pourquoi pas ? En fait, certains sociologues ont déjà examiné certains aspects du problème. Par ailleurs, il me semble assez raisonnable d'envisager l'expansion de notre espèce dans la Galaxie par lente migration des vaisseaux mondes. D'étoile en étoile, nos descendants coloniseraient l'espace proche, puis des régions de plus en plus lointaines. Si la durée de chaque voyage est de quelques siècles, l'ensemble de la Galaxie pourrait être colonisé en quelques dizaines ou centaines de millions d'années. Cette durée est très courte par rapport à l'âge de la Voie lactée, et elle a des implications importantes sur la question des civilisations extraterrestres, comme nous le verrons plus loin.

UNE AVENTURE POUR TOUS ? POUR QUAND ?

— *Croyez-vous que la conquête spatiale puisse avoir un effet positif sur l'humanité, en obligeant notamment les chercheurs et les gouvernements à collaborer ?*

N. P. — On a tendance à répondre spontanément « oui » à cette question, mais ma réponse sera plus nuancée. Les premiers astronautes en ont témoigné : l'image qui les a le plus émus n'était pas celle de la Lune, mais celle de la planète si fragile qu'ils laissaient derrière eux et dont notre destin est solidaire. Grâce à ces images, nous avons tous pris conscience de la fragilité du vaisseau Terre, vaisseau de toute l'humanité...

Par ailleurs, les entreprises spatiales les plus ambitieuses sont très coûteuses et dépassent les capacités d'une seule nation, aussi puissante soit-elle : les Américains auront besoin des Russes, voire des Japonais et des Européens. Cela suggère que l'aventure spatiale ne sera possible que grâce à une collaboration internationale de plus en plus étroite, avec tous les effets positifs que cela implique.

Cependant, il faut reconnaître que les Etats les moins développés ne sont pas partie prenante dans cette aventure, qui ne concerne que les pays les plus industrialisés. Ces Etats nous reprochent, d'ailleurs à juste titre, de dilapider des fortunes pour des objectifs qui ne correspondent pas aux besoins de l'humanité actuelle. Il est évident que les retombées technologiques de la recherche spatiale profiteront, en premier lieu, aux pays industrialisés : dans le cadre du système économique actuel, elles ne feront qu'aggraver les inégalités entre le Nord et le Sud. L'aventure spatiale peut donc être aussi un facteur de division.

— Mais alors, sur le fond du problème qui nous concerne ici, pensez-vous qu'il soit sage de poursuivre l'aventure spatiale ? Ne serait-il pas préférable de consacrer notre intelligence, nos ressources et notre temps à améliorer la vie sur Terre, les relations entre humains, notre relation avec l'environnement, notre rapport intime avec nous-même, avant de consacrer des fortunes à envoyer des hommes dans les étoiles ?

N. P. — Je suis tout à fait d'accord ! Il n'est pas pensable de dépenser l'équivalent du PIB d'un pays pour envoyer des hommes sur Mars alors que la moitié de l'humanité ne mange pas à sa faim. La Terre a tellement de problèmes à résoudre — pollution, inégalités socio-économiques, pauvreté, chômage, etc. —, que cette aventure spatiale peut attendre quelques décennies, voire quelques siècles.

A mon avis, il faut évidemment commencer par résoudre quelques-uns des problèmes les plus urgents de la planète avant de se lancer dans de nouveaux programmes spatiaux extrêmement coûteux. Je voudrais néanmoins signaler que les projets spatiaux coûtent beaucoup moins cher que le commerce très lucratif des armes ou des produits cosmétiques ; il faut toujours penser à cela avant d'accuser les chercheurs de « négliger les besoins de l'humanité ». Mais j'ai du mal à penser que les choses ne vont pas évoluer. On peut très bien penser que le XXIe siècle sera confronté à des problèmes analogues à ceux d'aujourd'hui, mais si vous me demandez d'imaginer ce qui se passera aux XXIIe, XXIIIe, XXIVe siècles..., j'ai du mal à croire que nous ne parviendrons pas à résoudre ces problèmes et à nous lancer dans l'espace. Je suis peut-être naïf, mais je n'arrive pas à croire que ces problèmes maintiendront l'humanité confinée à la surface de la Terre pour l'éternité. Certes, on peut aussi imaginer la disparition pure et simple de notre espèce, mais je préfère écarter cette éventualité.

— *Croyez-vous que les fonds privés prendront un jour le relais des budgets d'Etat ?*

N. P. — Nous vivons à une époque où les Etats se retirent de nombreux domaines d'activités pour des raisons économiques. Si l'on extrapole la tendance actuelle, il est évident que la recherche spatiale fera de plus en plus appel à des fonds privés. Aujourd'hui déjà, la recherche de signaux extraterrestres, n'étant plus subventionnée par la Nasa, fait largement appel à des capitaux privés. Mais, si l'on veut susciter des actions massives en faveur de l'espace, il vaut mieux que cela rapporte quelque chose...

— *Nous avons déjà entrevu quelques possibilités, avec l'exploitation des ressources des astéroïdes ou de l'hélium-3 lunaire...*

N. P. — Oui, mais ces projets ne concernent pas le futur proche. A court terme, on pense plutôt au tourisme de l'espace, comme à une locomotive qui drainerait les capitaux privés vers l'industrie spatiale. Le plan d'un hôtel de luxe en orbite circumterrestre, rêvé par le baron Hilton en 1967, est toujours dans les cartons de la société japonaise Shimizu, qui envisage sa construction pour 2030. Il ne sera sans doute pas difficile de trouver des personnes désireuses de payer vingt mille dollars pour passer la nuit dans cet hôtel de rêve...

— *Est-il possible de dater, même très approximativement, les grandes échéances à venir concernant le futur spatial de l'homme ?*

N. P. — C'est un exercice quasiment impossible, aussi futile que d'essayer de prédire le déroulement d'une partie d'échecs. Même si vous connaissez les règles de base, vous ne pouvez prédire que l'ouverture et les deux ou trois premiers mouvements de chacun des deux joueurs ; il est très difficile de voir au-delà. Dans notre cas, c'est encore pire, car les règles du jeu changent au cours de la partie. De nouvelles découvertes, que l'on ne peut même pas imaginer aujourd'hui, peuvent en effet complètement modifier le cours des événements. Sans compter les facteurs socio-économiques, eux aussi très aléatoires. Vous avez dû remarquer que, dans *Voyages dans le futur,* je n'ai avancé aucune date pour nos exploits futurs dans l'espace. Il y a une quarantaine d'années, Arthur C. Clarke a publié un livre remarquable, *Profils du futur,* dans lequel il prenait le risque de proposer des dates. Pour certains événements, comme la conquête de la Lune, il a vu juste, mais pour d'autres il s'est lourdement trompé : il a prévu, par exemple, que l'humanité foulerait le sol de Mars en 1980. Cela illustre assez bien le risque inhérent aux prédictions datées trop précisément. Il est impossible de se faire « historien du futur » !

— *Sans donner de date, mais en tenant compte du rythme actuel du développement économique et technologique, combien de temps estimez-vous qu'il nous faudra pour passer au stade des civilisations de type 2 selon la classification de Kardashev, c'est-à-dire pour maîtriser les ressources du Système solaire ?*

N. P. — Un calcul mathématique élémentaire montre que nous y arriverons dans quelques millénaires, si nous parvenons à augmenter de un pour cent par an notre production d'énergie. Mais la réalité ne sera sans doute pas aussi simple ! L'accélération de l'évolution technologique au cours du XXe siècle a été exponentielle, mais peut-on extrapoler cette tendance sur une durée aussi longue ? Je ne le pense pas.

— *On peut aussi se demander si l'homme continuera indéfiniment à explorer l'Univers. Peut-être un jour se dira-t-il qu'il ne sert à rien d'aller se perdre dans l'immensité cosmique et qu'après tout mieux vaut apprendre à vivre harmonieusement sur cette bonne vieille Terre ?*

N. P. — Konstantin Tsiolkovski disait : « La Terre est le berceau de l'humanité, mais on ne vit pas dans son berceau toute sa vie. » C'est une vision optimiste de notre futur spatial, fondée sur l'extrapolation d'une tendance observée depuis l'apparition de l'Homme : l'expansion continue de notre espèce, depuis la savane africaine jusqu'aux coins les plus lointains et inhospitaliers de notre planète. L'extrapolation de cette tendance vers l'espace sidéral est-elle justifiée ? Seul l'avenir le dira... Mais, en tant qu'astronome — et astronaute frustré ! —, j'espère que mes arrière-arrière-petits-enfants pourront un jour voir de près la nébuleuse d'Orion et le pulsar du Crabe !

QUAND LA RÉALITÉ DÉPASSE LA FICTION

— *En ce qui concerne les usages néfastes et parfois tragiques de la technologie, les auteurs de science-fiction ont souvent posé des questions morales et philosophiques très intéressantes...*

N. P. — En effet, et c'est une des raisons pour lesquelles je suis passionné par ce genre littéraire. Pris par leurs tâches, les scientifiques ont rarement le temps d'évaluer les aspects négatifs de leurs recherches, (à moins que cela ne soit un défaut de leur culture), mais les auteurs de science-fiction s'en sont chargés depuis longtemps. La science-fiction brasse toutes les possibilités, optimistes ou pessimistes, toutes les voies ouvertes par le progrès technique, et elle finit par dire des choses intéressantes, voire prémonitoires. Mais il ne faut pas la surestimer non plus : comme dans toute littérature, on y trouve des diamants — rarement —, et des navets — souvent.

— Les scientifiques ont-ils puisé certaines de leurs idées dans la science-fiction ?

N. P. — C'est une question que l'on me pose souvent. Je crois que c'était effectivement le cas au début du XXe siècle. Une œuvre comme celle de Herbert G. Wells — *La Machine à explorer le temps, La Guerre des mondes,* etc. — a certainement nourri l'imagination, sinon la réflexion scientifique. Et plusieurs générations d'ingénieurs et de scientifiques ont reconnu avoir été fortement inspirés par l'œuvre de Jules Verne. Cependant, à partir du milieu du XXe siècle, l'explosion des sciences et des techniques a conduit à la découverte de concepts et d'objets que la science-fiction n'aurait pu concevoir : la notion de trous noirs, par exemple, ou encore celle des univers parallèles de la mécanique quantique. La science a donc permis d'envisager des choses tellement originales et incroyables qu'à mon humble avis ce sont maintenant les auteurs de science-fiction qui s'inspirent de la science !

— La réalité dépasse vraiment la fiction !

N. P. — Sans aucun doute. Prenez la trilogie de Kim S. Robinson dont nous avons déjà parlé, qui raconte le terraformage et la colonisation de la planète Mars au cours du XXIIe siècle : c'est probablement l'œuvre de science-fiction la plus importante des années 1990, à la fois visionnaire et parfaitement fiable sur le plan scientifique. Eh bien, Kim Robinson a passé dix ans à travailler aux archives de la

Nasa et à se documenter auprès de spécialistes sur tous ces projets futuristes.

— *La courbure de l'espace-temps selon Einstein a beaucoup inspiré certains auteurs. Que pensez-vous des théories dérivées qu'ils ont imaginées, les sauts dans l'espace-temps à travers les trous noirs, les bonds dans l'hyperespace... ?*

N. P. — Tout ce que nous avons évoqué jusqu'à présent était fondé sur la science actuelle, sur les lois de la physique que nous connaissons et les technologies qui en découlent. La fusion thermonucléaire et l'antimatière sont des phénomènes que l'on peut expérimenter en laboratoire, à petite échelle. Les voyages interstellaires nécessitent l'application de ces technologies à une échelle beaucoup plus grande, mais ils ne contredisent en principe aucune loi physique connue. Cependant, il existe aussi ce qu'on pourrait appeler la « science spéculative » ; son champ d'investigation se situe aux limites de nos théories actuelles, voire au-delà. Une des possibilités qu'elle explore est la suivante : il y aurait dans l'Univers des régions de l'espace-temps reliées par des « passages », appelés « trous de ver ». On pourrait alors envisager de passer par l'un de ces trous de ver et de ressortir dans un autre endroit très lointain, en un temps très court.

— *Quel rapport entre les « trous de ver » et les fameux « trous noirs » ? A-t-on déjà détecté des trous noirs ou s'agit-il d'une simple hypothèse ?*

N. P. — Au départ, le trou noir n'est qu'une construction mathématique, que l'on obtient aussi bien dans le cadre de la gravitation classique de Newton que dans celui de la relativité générale d'Einstein. Quand l'attraction gravitationnelle d'un objet est suffisamment intense, rien, pas même la lumière, ne peut s'échapper d'une région entourant cet objet et que l'on appelle l'« horizon ». Depuis plusieurs années, nous avons des indices tendant à prouver l'existence d'une dizaine de trous noirs dans notre Galaxie. Ce seraient des objets massifs, avec une masse d'une dizaine de fois celle du Soleil, et qui n'émettraient pas du tout de lumière. Même si nous n'arrivons pas à les voir directement, nous observons autour d'eux des étoiles lumineuses ou du gaz chaud en orbite, dont les mouvements sont manifestement perturbés par la présence d'un objet central massif et invisible. Selon nos connaissances actuelles, ces objets devraient être des trous noirs, résultant de l'évolution d'étoiles massives : à la fin de sa vie, après avoir épuisé son combustible nucléaire, le cœur de ce type d'étoile se contracte sous l'emprise de la gravité pour former un trou noir. Ces objets se trouvent en général assez loin, à des milliers d'années-lumière de la Terre. L'existence des trous noirs est donc étayée par de solides observations. En revanche, le trou de ver est un concept purement hypothétique.

— *Qu'est-ce qui nous permet d'imaginer que ces trous de ver, s'ils existent, pourraient être des passages dans l'espace-temps ?*

N. P. — Selon la théorie de la relativité générale d'Einstein, la forme de l'espace-temps est affectée par la présence de la matière. L'espace-temps est courbe et, peut-être, plié (à l'instar de la surface de la Terre, qui est, elle aussi, courbée et pliée — les plis étant les montagnes). On peut donc imaginer des « tunnels » spatio-temporels traversant les plis de l'espace-temps pour joindre deux endroits éloignés l'un de l'autre (tout comme un tunnel traverse une montagne). Ces « tunnels » sont appelés trous de ver, mais leur existence est loin d'être prouvée, même sur le papier. En fait, il s'avère que la stabilité de ces tunnels nécessite la présence d'une forme d'« énergie négative », sinon, ils s'effondreraient en une fraction de seconde. Or nos connaissances actuelles en physique sont insuffisantes pour affirmer quoi que ce soit sur l'existence ou les possibilités de manipulation de cette énergie négative... Nous entrons ici dans le domaine de la science spéculative, où presque tout est possible. Beaucoup de gens, en particulier les auteurs de science-fiction, misent sur l'aide de la science spéculative pour réaliser leurs rêves de voyages interstellaires rapides. Ils ont peut-être raison. Mais, en l'absence d'un début de preuve, je préfère explorer des alternatives plus solides, même si elles ne sont pas aussi spectaculaires.

SOMMES-NOUS UNIQUES, LES PREMIERS, OU, TOUT SIMPLEMENT, LES SEULS ?

— *Croyez-vous qu'il existe des civilisations extraterrestres ?*

N. P. — C'est probablement la question la plus souvent posée aux astronomes (mais certainement pas la plus fréquemment discutée parmi les astronomes !). En général, les gens s'attendent à une réponse positive, car ils sont impressionnés par le grand nombre d'étoiles dans notre Galaxie : « Il est inconcevable que nous soyons seuls dans une galaxie qui abrite cent cinquante milliards d'étoiles — et probablement encore plus de planètes », disent-ils volontiers. C'est un argument statistique qui remonte aux penseurs de l'Antiquité grecque. Selon Métrodore, disciple d'Epicure, « il est aussi absurde de concevoir un champ de blé avec une seule tige qu'un monde unique dans le vaste Univers ». Mais cet argument a une valeur extrêmement faible, car on ne peut pas faire de statistiques sur la base d'un seul cas connu. Actuellement, nous ne savons presque rien sur l'origine de la vie. Si la probabilité d'émergence de la vie sur une planète est, par hypothèse, de un cent milliardième (1/100 000 000 000), il n'y a rien d'illogique à concevoir la Terre comme l'unique planète de la Galaxie où la vie soit apparue.

— Si le scientifique ne peut rien affirmer, quel est votre point de vue personnel ? Quelles sont les chances, selon vous, qu'il existe une autre intelligence ailleurs dans l'Univers ?

N. P. — Chaque fois qu'on me pose cette question, je préfère répondre en trois temps. Si je suis convoqué devant un tribunal et que l'on me demande : « Etes-vous prêt à jurer qu'il n'y a pas d'êtres doués d'intelligence ailleurs dans l'Univers ? » je répondrai : « Non, je ne peux pas le jurer, c'est tout à fait possible. » Si vous me demandez ce que je préfère personnellement, je vous répondrai : « Oui, j'aimerais bien qu'ils existent, car ce serait très excitant, très enrichissant intellectuellement, nous aurions tellement de choses à apprendre d'eux ! » Maintenant, si vous me demandez de parier, je placerai mon argent sur l'hypothèse négative.

— Pour quelle raison ?

N. P. — A cause de l'argument formulé pour la première fois par l'Italien Enrico Fermi, prix Nobel de physique, et déjà cité par Alfred Vidal-Madjar. Fermi, qui fut le père de la pile atomique et l'un des plus grands physiciens du XXe siècle, avança en 1950 un argument très simple : s'il y avait des civilisations extraterrestres, leurs représentants devraient déjà être ici, chez nous. Nous aurions déjà rencontré soit des êtres vivants, soit leurs sondes, soit leurs robots, soit des traces de leur visite. Notre Soleil est né il y a quatre milliards et demi d'années, mais à cette époque notre Galaxie avait déjà huit milliards d'années. La vie avait eu largement le temps d'éclore ailleurs et d'arriver jusqu'ici. A partir du moment où une civilisation technologique parvient à maîtriser les voyages interstellaires (et nous pensons y parvenir dans deux à trois siècles), il lui faut quelques dizaines ou centaines de millions d'années pour se répandre dans la Voie lactée et repérer toutes les autres formes de vie. Or cette durée de « colonisation galactique » est très courte par rapport aux milliards d'années d'âge de la Galaxie. Si plusieurs civilisations ont vraiment émergé, au moins l'une d'entre elles aurait déjà dû arriver jusqu'ici. Or nous n'avons, jusqu'à présent, aucun indice d'une telle visite. C'est ce qu'on appelle le « paradoxe de Fermi ».

— *Mais on pourrait imaginer que ces extraterrestres ne soient pas très curieux ou bien qu'ils se préoccupent plus de leur vie intérieure que d'acquérir la maîtrise des techniques et des voyages interstellaires.*

N. P. — Certes... On peut aussi imaginer que cette civilisation n'ait bénéficié de la présence d'aucun satellite proche, comparable à la Lune, et d'aucune autre planète dans son système solaire l'ayant incitée à quitter son berceau. Ces considérations nous font entrer dans le domaine un peu spécial de la « sociologie des civilisations extraterrestres » ! Et, là, on peut imaginer tout et son contraire. Fermi lui-même avait formulé un contre-argument de ce type : il pensait qu'au moment-même où une civilisation atteint un certain niveau technologique, impliquant l'électromagnétisme et l'énergie atomique, elle ne parvient pas à contrôler l'énergie atomique et finit par s'autodétruire assez rapidement. Pour lui, c'était la solution à son paradoxe : les civilisations extraterrestres existent, mais elles disparaissent systématiquement, peu de temps après avoir atteint un certain niveau technologique, celui-là même qui aurait pu leur permettre d'explorer l'Univers. Pendant la période de la guerre froide, beaucoup de gens craignaient que notre civilisation ne soit condamnée à l'autodestruction. Maintenant que le spectre de l'holocauste nucléaire s'éloigne, les perspectives sont un peu moins sombres. On doit donc envisager d'autres solutions au paradoxe de Fermi, comme celles que vous évoquez.

Certains ont, par exemple, suggéré que les extraterrestres nous auraient déjà repérés mais se seraient bornés à nous observer de loin, pour diverses raisons : ils nous considèrent comme trop primitifs, ils ne veulent pas interférer avec notre développement, etc. Mais toutes ces solutions ont un point faible commun : il est difficile d'admettre qu'elles puissent s'appliquer à toutes les civilisations extraterrestres, sans exception. Au moins l'une d'entre elles aurait dû échapper à l'anéantissement, s'intéresser à l'espace, maîtriser les voyages interstellaires, entreprendre un programme de colonisation galactique, arriver ici et essayer de communiquer avec nous. Si aucune ne l'a fait, notre hypothèse de base est implicitement refusée : nous, qui voulons réaliser tout cela, nous sommes atypiques ! Or le point de départ de toute discussion sur les civilisations extraterrestres est justement l'idée que nous n'avons rien d'exceptionnel, comme l'a rappelé Alfred Vidal-Madjar...

— *Est-ce que cette absence de traces ne signifie pas, tout simplement, que coloniser la Galaxie serait une entreprise encore infiniment plus difficile que nous l'imaginons ?*

N. P. — C'est possible... On peut penser, en effet, que toute civilisation connaît des périodes d'essor et de déclin, dont la durée est plus courte que le temps nécessaire à une colonisation galactique. Dans ce cas, on peut comprendre pourquoi aucun de « leurs » représentants n'est arrivé jusqu'ici. Mais cet argument est battu en brèche par l'existence — sur le papier ! — des « machines de von Neumann ». Dans les années 1950, le mathématicien hongrois John von Neumann a élaboré un modèle montrant que l'on peut, en théorie, imaginer une machine capable de faire ce que les organismes vivants font spontanément : s'autoreproduire. Nous sommes incapables de fabriquer une telle machine aujourd'hui, mais rien ne s'y oppose en principe.

On peut donc penser qu'une civilisation extraterrestre qui nous serait antérieure, ne serait-ce que de quelques centaines de millions d'années — ce qui n'est rien à l'échelle de l'histoire de l'Univers —, aurait lancé un programme d'exploration de la Galaxie à l'aide de robots autoreproductibles. Elle aurait commencé par envoyer deux ou trois robots dans les systèmes les plus proches. Une fois arrivé sur place, chaque robot ferait quelques copies de lui-même, qu'il enverrait à d'autres systèmes stellaires, plus lointains ; en même temps, il transmettrait à sa planète d'origine des informations sur ce qu'il a rencontré dans le système stellaire en question. Les robots iraient ainsi de plus en plus loin, tout en accomplissant les mêmes tâches. Il s'agirait d'une croissance exponentielle, dans la mesure où chaque robot en produirait plusieurs. Au bout d'un certain temps, qui dépend de la durée de leur voyage, de l'ordre de quelques dizaines de millions d'années, ces robots serait présents dans les moindres recoins de la Galaxie, quel que soit le destin de la civilisation qui les a fabriqués.

— On pourrait aussi reprendre l'argument des auteurs de science-fiction selon lequel la Terre aurait déjà été visitée plusieurs fois dans le passé, bien avant l'apparition de l'homme...

N. P. — Dans son roman *2001 : l'Odyssée de l'espace,* Arthur C. Clarke imagine que ce sont les « monolithes » — des robots intelligents —, venus de l'espace, qui ont apporté l'intelligence à nos ancêtres de la savane il y a quelques millions d'années. Mais ce n'est que pure fiction. Rien de ce qu'on connaît aujourd'hui sur l'histoire et la préhistoire ne corrobore cette thèse.

— Le paradoxe de Fermi est donc un argument redoutable contre les optimistes de la question de l'intelligence extraterrestre. Seriez-vous frustré s'il s'avère que nous sommes seuls dans l'Univers ?

N. P. — Un peu, oui, je l'avoue ! Mais je ne trouve pas la perspective d'une « solitude cosmique » aussi effrayante que cela. S'il s'avère que nous sommes seuls dans l'Univers, nous devrons faire face à une formidable responsabilité : préserver aussi longtemps que possible cette unique expérience « réussie » de la nature, la répandre dans le reste de l'Univers, et tenter d'y faire quelque chose de bien (mais il faut bien reconnaître que si on regarde l'histoire de l'humanité, ce n'est pas très encourageant !) Il y a une très belle phrase de Herbert G. Wells : « Si nous sommes seuls, notre choix est assez limité : l'Univers entier ou rien du tout. » « Rien du tout », dans son esprit, signifiait l'autodestruction. Cependant, si nous arrivons à surmonter tous les obstacles, à résoudre tous nos conflits, nous pouvons penser que nos lointains descendants finiront par coloniser la Galaxie (coloniser l'Univers est une autre histoire...). Je trouve cette perspective tout aussi excitante.

— Pouvez-vous résumer votre position quant à la présence de la vie dans l'Univers ?

N. P. — Il est impossible d'avoir un avis définitif sur un sujet vieux d'au moins deux mille ans, mais qui demeure toujours aussi difficile à cerner. L'absence d'une définition de la vie et la méconnaissance actuelle des mécanismes conduisant à son émergence et à son évolution, même dans des conditions physico-chimiques bien déterminées, ne permettent pas de tirer de conclusions. Certes, les progrès spectaculaires des dernières années en astronomie nous ont permis de détecter une trentaine de planètes géantes autour d'étoiles relativement proches ; néanmoins, je pense que nous avons très peu progressé par rapport aux penseurs de l'Antiquité grecque, qui débattaient déjà sur la « pluralité des mondes ».

Il serait d'ailleurs intéressant de retracer l'historique de ce débat, pour voir comment les arguments des deux camps ont évolué au fil du temps, en s'adaptant chaque fois au niveau du développement scientifique — ou, tout simplement, idéologique — de l'époque.

— *Les penseurs de l'Antiquité grecque croyaient déjà à l'existence d'autres mondes !*

N. P. — En effet, les présocratiques, Thalès et Héraclite, les atomistes, Démocrite et Leucippe, les stoïques, Epicure et Lucrèce, et d'autres, croyaient qu'il existait des terres célestes habitées par des êtres intelligents. Leur argument était exactement celui qui est avancé aujourd'hui par les partisans de l'hypothèse ETI : comment peut-on concevoir qu'il existe un seul monde habité dans un si vaste Univers ? Pourtant, Platon et Aristote s'opposaient à cette idée. Dans la physique aristotélicienne, le monde au-delà de la Lune était censé être parfait, éternel et inaltérable, et ne pouvait donc pas abriter d'autres terres. Ces idées se sont imposées pendant longtemps à la pensée occidentale.

— *Elles ont même été adoptées par l'Eglise.*

N. P. — Au Ve siècle de notre ère, saint Augustin a ajouté des arguments théologiques : l'événement unique que constituait l'incarnation du Christ impliquait, selon lui, l'inexistence d'autres mondes habités. Cette conception anthropocentrique du christianisme, selon laquelle l'Univers entier avait été créé pour l'Homme, ne pouvait admettre l'existence des extraterrestres. Ainsi, en 1600, Giordano Bruno fut condamné au bûcher par le Saint-Office pour avoir défendu l'idée de l'existence d'autres mondes dans un Univers infini.

Au XVIIe siècle, le développement du système héliocentrique par Copernic et les observations de Galilée ont aboli le statut privilégié de la Terre. Durant les deux siècles suivants, la compréhension du fait que les myriades d'étoiles du ciel sont des soleils peu différents du nôtre a renforcé l'idée qu'un nombre incalculable de terres habitées devaient exister dans l'Univers. On voit une première implication du principe copernicien : notre position dans l'Univers n'a rien de spécial, ce qui existe ici-bas existe aussi là-haut. Cependant, aucune planète n'était alors connue en dehors de notre Système solaire ; et l'on ne savait encore rien sur l'évolution de la vie sur Terre.

Au XIXe siècle, la notion de pluralité des mondes était solidement établie dans les milieux intellectuels, où elle servait à contrer le dogme de l'unicité de l'incarnation du Christ (ce qui était, en fait, l'objectif de Giordano Bruno).

— *Mais comment cette idée pouvait-elle se soutenir dans un Occident encore largement empreint de christianisme ?*

N. P. — Pour remédier à cette fracture, le théologien écossais Thomas Chalmers a rédigé, en 1817 un livre dans lequel il essayait de concilier les deux « faits » : selon lui, parmi les myriades de races de l'Univers, seule la nôtre avait commis le péché originel ; d'où la nécessité de l'intervention divine pour son salut ! Le dogme était sauvé. A la fin du XIXe siècle, la découverte par l'astronome américain Percival Lowell de canaux artificiels à la surface de Mars est venu renforcer encore la croyance en l'existence d'extraterrestres.

Mais, à partir de cette époque, le débat sur la pluralité des mondes s'est enrichi des arguments inspirés de la biologie. Ainsi, Alfred R. Wallace, cofondateur de la théorie de l'évolution avec Charles Darwin, remarqua que l'homme résultait d'une série d'événements uniques et imprévisibles dans la longue chaîne de l'évolution. La probabilité que cette même série d'événements se produise ailleurs, même dans des environnements semblables à celui de la Terre, était infime.

L'argumentation des biologistes a introduit dans le débat le « sens de l'histoire », une notion importante en biologie, mais pratiquement inconnue en physique. En effet, l'évolution d'un système physique classique est bien déterminée, une fois données les conditions initiales et les lois qui régissent son comportement. Ainsi, les astrophysiciens espèrent simuler dans leurs ordinateurs la formation des galaxies à partir du gaz issu du big-bang, ou encore la formation des planètes autour du Soleil à partir de la nébuleuse protosolaire.

Ce n'est que très récemment, à partir des années 1960, que la théorie du chaos a introduit la notion d'histoire en physique classique. Selon cette théorie, l'évolution des systèmes physiques est tellement sensible aux conditions initiales qu'il est impossible de prédire leur comportement au delà d'un horizon temporel donné. Des conditions initiales quasi identiques peuvent conduire à des résultats complètement différents.

Or l'histoire de la vie sur Terre nous montre que l'évolution ne progresse pas en ligne droite vers un objectif quelconque (ce qui est le cas des processus physico-chimiques, qui tendent, par exemple, à minimiser l'énergie d'un système). Les chemins de l'évolution sont extrêmement complexes et ressemblent plutôt à un arbre aux ramifications innombrables.

— Combien d'espèces ont existé sur notre planète depuis l'apparition de la vie ?

N. P. — Ce nombre est presque aussi difficile à estimer que celui des planètes dans la Galaxie. Aujourd'hui, il existe environ trente millions d'espèces sur la Terre. Les biologistes estiment que la durée de vie moyenne d'une espèce est de l'ordre de cent mille ans (les espèces à très longue durée de vie trouvées par les paléontologues sont plutôt l'exception que la règle). Ces chiffres suggèrent que, depuis l'apparition de la vie, plusieurs milliards d'espèces (certains parlent de cinquante milliards) ont peuplé notre planète. Une seule d'entre elles a atteint le niveau d'intelligence nécessaire au développement d'une civilisation technologique.

— *Pourquoi ?*

N. P. — Il est impossible de le dire actuellement. L'énorme majorité des autres espèces a disparu dans les abysses des temps géologiques. Cette disparition est souvent survenue à la suite d'événements catastrophiques et a affecté des espèces qui semblaient bien armées pour survivre par la sélection naturelle, si chère à Darwin. L'exemple le plus connu est sans doute celui des dinosaures : après un règne de cent trente millions d'années, ces « terribles lézards » ont disparu voici soixante-cinq millions d'années (un jour dans le calendrier cosmique !), probablement à la suite d'une collision de la Terre avec un gros astéroïde. Mais les survivants de ces catastrophes n'affichaient pas toujours une complexité plus grande que les disparus ; les petits mammifères qui ont survécu aux dinosaures n'étaient pas nécessairement plus complexes qu'eux.

Ainsi, je ne suis pas sûr que les arguments d'Hubert Reeves concernant la croissance inéluctable de la complexité s'appliquent systématiquement à toutes les formes d'organisation de la matière : il se peut que les mammifères ne doivent leur survie que, tout simplement, à leur bonne fortune. Or plusieurs autres grandes catastrophes ont ponctué les cinq cent trente millions d'années de vie pluricellulaire sur notre planète. Nous pouvons alors nous demander, avec le biologiste américain Stephen Jay Gould, si l'émergence de l'homme et de l'intelligence ne relève pas du hasard le plus pur...

— *Si nos télescopes nous révèlent l'existence de planètes identiques à la Terre primitive, dotées de conditions favorables à la chimie prébiotique, que pourra-t-on, selon vous, en conclure ?*

N. P. — Est-il raisonnable de penser qu'une forme de vie pluricellulaire doive nécessairement y apparaître un jour ? Et que dire d'organismes plus complexes ou encore d'êtres doués d'intelligence ? A présent, nous n'avons pas de réponses à ces questions. Mais il est significatif de constater que parmi les partisans de l'hypothèse ETI on trouve plutôt des physiciens et des astronomes. Les biologistes, quant à eux, méditent sur l'improbabilité des chemins évolutifs et sont soit neutres, soit ouvertement hostiles à cette hypothèse.

Les arguments biologiques, combinés au calendrier cosmique et au paradoxe de Fermi, invitent, à mon avis, au plus grand scepticisme vis-à-vis de l'hypothèse d'une intelligence extraterrestre.

— *Selon vous, donc, il ne sert à rien de pointer des radiotélescopes vers le ciel en quête de signaux extraterrestres ?*

N. P. — Je crois que la recherche de signaux extraterrestres n'a qu'une chance infime d'aboutir à un résultat positif. Pis encore : un résultat négatif ne nous apprendra rien (une situation inhabituelle en physique, où l'on apprend toujours quelque chose, même d'un résultat négatif). En effet, même si l'on parvient à ausculter les cent milliards d'étoiles de notre Galaxie sur toutes les fréquences radio pendant plusieurs siècles, quelle conclusion pourrons-nous tirer de l'absence d'un signal artificiel ? Seulement une : qu'aucune de ces civilisations hypothétiques n'émet actuellement en radio dans notre direction, ce qui ne nous aide pas beaucoup.

Je reconnais, cependant, la nécessité de poursuivre un programme, même modeste, de recherche des signaux extraterrestres. Si l'humanité avait cessé d'étudier tel ou tel sujet simplement parce que les chances d'aboutir étaient infimes, elle serait passé à côté de bon nombre de découvertes scientifiques fondamentales. Et la découverte d'une civilisation extraterrestre constituerait, sans aucun doute, l'un des événements majeurs de l'histoire humaine.

Je pense que dans l'immédiat, c'est-à-dire au cours du XXIe siècle, la priorité doit être donnée à la recherche des planètes autour des étoiles de plus en plus lointaines et à leur exploration détaillée (à distance, bien entendu !). A cet égard, les progrès phénoménaux réalisés dans l'instrumentation astronomique au cours des vingt dernières années permettent de penser que, d'ici à un ou deux siècles, nous serons capables de voir des détails à la surface des planètes autour de bon nombre d'étoiles de notre Galaxie, situées parfois à des milliers d'années-lumière de nous. Si l'on y décèle des signes de vie (du moins, telle que nous la connaissons), l'étape suivante consistera à y envoyer des sondes interstellaires, seul moyen de se faire une idée précise des formes de vie existantes. Et, dans ce cas, le problème reste alors de définir la vie et les conditions dans lesquelles elle peut se développer.

— *C'est ce que nous allons demander à Hubert Reeves.*

Le gai savoir
par
Hubert Reeves

Hubert Reeves est tombé amoureux du ciel dans son Canada natal, il y a très longtemps, dans la poussière du grenier, en fouillant les valises pleines de vieux livres abandonnés par ses oncles à la fin de leurs études. Il s'est plongé avec délices dans La Cosmographie *de l'abbé Moreux, un classique de cette période. Une de ses passions d'enfant consistait à fabriquer des cartes du Système solaire, en collant de longues bandes de papier pour représenter l'échelle des distances. « L'une des diagonales traversait le salon, jusque dans la cuisine. » L'infini a toujours fait partie de sa vie quotidienne. La nuit, en cachette, il allait observer la voûte étoilée sur la terrasse donnant sur le lac Saint-Louis. A l'époque, dans cette région proche de Montréal, la vision nocturne n'était pas encore troublée par les lumières de la ville : c'était le temps béni des astronomes, où la nuit était noire.*

Jeune étudiant, la botanique et la biologie ne l'attiraient pas moins que la physique et l'astronomie, mais il avait un goût particulier pour les mathématiques — il a donc choisi la physique. « C'est alors que j'ai découvert tout ce qui concernait l'évolution de l'Univers, l'origine des espèces, la formation des éléments chimiques... » Dans le département de physique nucléaire de l'université Cornell, aux Etats-Unis, il ren-

contre les savants qui viennent de fabriquer la bombe atomique à Los Alamos. Ils ont résolu du même coup le problème de l'énergie des étoiles. « C'est une question que s'était posée tout le XIXe *siècle : d'où provient l'énergie des étoiles ? Comment le Soleil peut-il durer des milliards d'années en émettant une telle quantité de lumière ? Or on venait de comprendre, avec la découverte de l'énergie nucléaire, qu'elle était suffisamment puissante pour alimenter la combustion d'une étoile comme le Soleil pendant des milliards d'années. » Sa thèse de doctorat allait donc porter sur la manière dont certains éléments chimiques, sodium et magnésium notamment, se sont formés à l'intérieur des géantes rouges.*

A la suite d'une invitation de l'université de Bruxelles, il s'installe en Europe et entre au CNRS en 1965. La même année, la théorie du big-bang est confirmée par la découverte du rayonnement fossile. « On entrait dans une aventure évolutive où les atomes, les fossiles, les cellules, les êtres humains se rejoignaient dans un même mouvement. » Dès lors, il va partager son temps entre Paris et Montréal.

Mais comment cet universitaire est-il devenu l'auteur de fabuleux best-sellers ? Tout a commencé vers 1972, dans un village de vacances. Quand on a su que le monsieur canadien faisait de l'astronomie, on a voulu l'écouter. « On passait quelquefois toute la nuit, sur la plage, à regarder les étoiles. Un jour, des amis m'ont dit : pourquoi n'écris-tu pas ce que tu racontes ? je me suis dit : ah, c'est une idée ! » Il écrit d'une traite Patience dans l'azur, *ce chef-d'œuvre placé sous le signe de Paul Valéry :* Patience, patience dans l'azur/Chaque atome de silence est la chance d'un fruit mûr...

Puis il se met en quête d'un éditeur. Mais personne ne s'intéresse à l'astronomie en 1978, c'est l'affaire des spécialistes. Trente éditeurs le refusent. Le professeur range son manuscrit dans un tiroir, quand son ami Jean-Marc Lévy-Leblond, qui lance la collection « Sciences ouvertes » aux éditions du Seuil, lui télé-

phone : « Tu n'aurais pas un manuscrit pour moi ? » Et Patience dans l'azur *crée l'événement. A la télévision, avec sa barbiche blanche, son caractère enjoué et bienveillant, le vieux sage fait un malheur. Un million d'exemplaires sont vendus en vingt ans. Combien de livres d'astronomie ont ensuite dû leur publication à ce premier succès ? Depuis cette époque héroïque, Hubert Reeves a publié d'autres grands classiques, notamment :* Poussières d'étoiles, L'Heure de s'enivrer, Oiseaux, merveilleux oiseaux...

Si l'astronomie et la science, en général, font aujourd'hui partie de la culture générale, c'est en partie grâce au talent de conteur d'Hubert Reeves. Pour lui, la science et le rêve sont les deux faces d'une même médaille. Observer la nature, c'est d'abord admirer le spectacle. « Les Français ont beau être rationalistes, ils ont comme tout le monde besoin d'une dimension poétique, d'une bouffée d'infini. » La voici.

QU'EST-CE QUE LA VIE ?

— *Après ce long voyage à travers l'espace et le temps en compagnie de Jean Heidmann, Alfred Vidal-Madjar et Nicolas Prantzos, nous voici ramenés à la question essentielle qui sous-tend toute notre recherche : quelle serait aujourd'hui une définition acceptable de la vie ?*

Hubert Reeves. — Il est intéressant d'aborder cette question difficile par une rétrospective historique.

Au siècle dernier, Pasteur montre que la vie ne peut pas apparaître spontanément de la matière. On sépare alors la matière en deux domaines distincts. D'une part, la matière inerte, obéissant à des lois purement mécaniques. D'autre part, la matière vivante, douée de propriétés quasi miraculeuses : l'autonomie, la sélectivité, la reproduction, la capacité de se mouvoir, etc. D'un côté les pierres et les étoiles, de l'autre les plantes et les animaux. Les deux domaines coexistent sur la Terre, avec leurs lois et leurs comportements. Un abîme les sépare.

Un premier pont entre le monde des molécules inertes et la chimie du vivant est jeté vers la fin du XIXe siècle. En combinant des atomes, des chimistes fabriquent en laboratoire une molécule détectée dans l'urine des animaux : l'urée. Jusque-là, on était convaincu que seuls les organismes vivants pouvaient produire de telles substances.

— *Il suffit parfois d'une seule découverte pour remettre en question toute une tradition !*

H. R. — On a progressivement découvert que la matière se présente dans différents niveaux d'organisation, depuis les structures les plus simples jusqu'aux plus sophistiquées, et qu'il y a une continuité entre ces niveaux. La matière passe spontanément de l'un à l'autre. C'est bien là le message le plus important de l'astronomie contemporaine.

Aux temps les plus anciens de l'Univers, l'astronomie nous fait voir une matière à très haute température et à très haute densité, constituée de particules élémentaires totalement dissociées. Il n'y a aucune structure organisée comme celles que nous observons aujourd'hui. Pas de galaxies, pas d'étoiles, pas de planètes, pas de vivants, pas de molécules, pas d'atomes, pas même de protons et de neutrons. Une sorte de magma informe, constitué de particules errantes. Un chaos à la Hésiode ou à la Lucrèce.

Puis, progressivement, au cours des âges, à des dates que nous arrivons à déterminer, on voit apparaître de nouvelles structures.

A l'échelle microscopique, des atomes se forment, qui absorbent et émettent de la lumière. Plus tard, des molécules, composées de ces atomes, qui vibrent et tournent sur elles-mêmes, se déplient et se contorsionnent. A très grande échelle, des galaxies se constituent et engendrent des étoiles qui s'accompagnent parfois de planètes. Sur notre Terre, cette organisation de la matière cosmique se poursuit bien au-delà. Des cellules apparaissent et, par leurs associations ultérieures, les organismes vivants. Dans l'état actuel de nos connaissances, le niveau le plus avancé de ce processus d'organisation est atteint par le cerveau humain qui peut poser des questions telles que : « Qu'est-ce que la vie ? »

— *Alors la vie, serait-ce un niveau avancé d'organisation de la matière ?*

H. R. — Oui. Mais l'important, c'est de replacer ce niveau dans le cadre continu de la complexité croissante. Ce qu'on appelait auparavant le règne des vivants correspond, en fait, aux étages supérieurs de la complexité mais sans qu'il y ait de rupture entre les niveaux. C'est cette continuité qui pose problème quand on cherche une définition de la vie. Autant il nous semble facile de la reconnaître — les bijoux n'appartiennent pas au même monde que les choux et les hiboux —, autant il nous est difficile d'énoncer des règles absolues d'identification.

— *Peut-on dire que, dans l'ensemble, l'ordre va croissant dans l'Univers ?*

H. R. — Il vaut mieux parler d'organisation ou, mieux encore, de complexité. On peut dire qu'au cours des milliards d'années écoulées une fraction de la matière cosmique a atteint des niveaux de plus en plus élevés de complexité. Plus le niveau est élevé, plus cette fraction est mince. La grande majorité de la matière reste dans un état de très faible complexité. Il existe encore dans l'Univers d'immenses nappes de matière totalement désorganisées...

— *Pouvez-vous nous dire où ?*

H. R. — Les nuages interstellaires qui parsèment notre Galaxie en sont de bons exemples.

— *Parlons maintenant de ces propriétés qui caractérisent les vivants. On dit souvent, par exemple, que la vie est capable de reconnaître les siens ?*

H. R. — Les anciens Romains se posaient la question : comment se fait-il que, quand je mange du poulet, il ne me pousse pas des ailes ? Ce que nous mangeons se transforme en nous-mêmes et devient notre substance. Comment mon système digestif, ayant dissocié un morceau de poulet en molécules diverses, arrive-t-il à intégrer correctement celles qui conviennent dans la continuité de mon corps, tout en éliminant les autres ? La biologie moléculaire nous apporte aujourd'hui des réponses satisfaisantes à ce sujet. Nous y reviendrons un peu plus tard.

Mais cette sélectivité, cette capacité de choisir correctement ce qui convient est-elle vraiment réservée aux seuls vivants ? On la retrouve déjà, mais à un niveau infiniment plus rudimentaire, chez les cristaux. Un cristal de chlorure de sodium — notre sel de table —, qui se forme dans un liquide en refroidissement, n'intégrera dans son réseau que des atomes de chlore et de sodium. Les autres atomes seront rejetés. Ainsi, il gardera sa pureté et donnera naissance à ces beaux cubes de sel que nous retrouvons dans nos bocaux. Comment fait-il la sélection ? Par la forme géométrique des atomes qui se présentent à sa surface. Comme dans un puzzle.

Vous avez déjà vu des géodes, ces pierres creuses en forme de cavernes béantes. Sur les parois, des cristaux de couleurs variées se sont stratifiés. Les géodes se forment dans des poches souterraines contenant des minéraux liquides en refroidissement. Chaque substance chimique se dépose à sa propre température de solidification. Les strates s'accumulent avec leur constituants spécifiques, sans se mélanger. On constate bien là cette propriété de sélectivité, qu'on a tendance à attribuer aux seuls êtres vivants.

— *Chez les êtres vivants, elle est plus développée...*

H. R. — Oui, elle est beaucoup plus sophistiquée et plus performante, mais l'analogie est indéniable. Prenons un autre exemple : la faculté de se reproduire...

— *Qui commence avec les bactéries ?*

H. R. — Oui. Mais, on attribue souvent cette faculté aux seuls vivants. Et pourtant... par des phénomènes d'autocatalyse, certaines molécules arrivent à engendrer des molécules identiques à elles-mêmes. A un niveau très élémentaire, il s'agit bien là d'un processus de reproduction.

La grande majorité des processus que l'on dit spécifiques à la vie apparaît sous une forme embryonnaire dans le monde inerte. D'où, encore une fois, la difficulté de dresser une frontière bien définie entre l'inerte et le vivant. La reconnaissance de cette frontière floue va jouer un rôle important dans notre discussion des possibilités de vie extraterrestre. On sent tout de suite ses implications. D'où l'importance, dans ce contexte, d'avoir établi ce point.

— *Il doit tout de même exister des propriétés spécifiques aux êtres vivants ?*

H. R. — Jusqu'à nouvel ordre, il semble que oui. Je vais en citer une des plus importantes, et des plus mystérieuses : la capacité d'acquérir de l'expérience. C'est-à-dire d'utiliser les événements du passé pour optimiser son comportement. Notre système immunitaire, par exemple, se « souvient » d'avoir eu à nous défendre contre une certaine infection virale. Il en a gardé la trace sous forme d'une provision d'anticorps. Si ce virus attaque à nouveau, l'organisme est prêt à contre-attaquer et à éliminer rapidement l'assaut. C'est le principe des vaccins.

Autre exemple : l'apprentissage des pigeons voyageurs. Au cours de leurs périples répétés, ils améliorent leurs performances. Les plus âgés refont le trajet pratiquement sans faute.

— *La capacité d'apprendre n'apparaît-elle que dans les formes les plus complexes de la matière ?*

H. R. — Elle semble bien être une propriété spécifique des êtres vivants. Les étoiles et les ouragans naissent, évoluent et meurent... Mais ils n'apprennent pas, par leurs expériences antérieures, à modifier le déroulement des événements.

— *Existe-t-il des modes d'apprentissage rudimentaires dans le monde minéral ?*

H. R. — Je n'en connais pas. Nous ne savons ni quand ni comment apparaît dans l'évolution la faculté d'apprendre. Peut-être en retrouverons-nous des traces dans le monde inerte ? Affaire à suivre...

HISTOIRE DE LA VIE SUR TERRE

— *A défaut de pouvoir définir la vie, vous pouvez peut-être nous raconter à grands traits son histoire. Quand est-elle apparue ?*

H. R. — Deux tableaux vont illustrer la situation. Il faut d'abord imaginer, dans la Voie lactée d'il y a quatre milliards cinq cents millions d'années, une étoile en train de se former : le Soleil. Autour de lui, des myriades de bolides rocheux de dimensions variées gravitent et se percutent. Les planètes se constituent par l'effet d'une succession de collisions. Notre Terre est alors une boule de lave incandescente. Sa chaleur interne lui vient des atomes radioactifs que sa matière incorpore. Les astéroïdes qui tombent sur elle lui ajoutent encore de la masse. La surface se refroidit lentement. Des croûtes de pierres s'y forment : les premiers continents. Fracassés par de nouvelles chutes météoritiques, ceux-ci dérivent, se recollent au hasard pour se séparer à nouveau dans une sorte de grand ballet chaotique. Fin du premier tableau.

Deuxième tableau : moins d'un milliard d'années plus tard. Dans des nappes d'eau chaude vivent et prolifèrent des myriades de micro-organismes. En particulier, les algues bleues, qui foisonnent encore maintenant près des geysers, dans les étangs bleutés d'Islande, et auxquelles ceux-ci doivent leur coloration.

La succession de ces deux tableaux nous amène à une conclusion incontournable : il y a eu, en un milliard d'années ou moins, une métamorphose de la matière dite inorganique, atomes, molécules, en une matière vivante, les cellules. Voilà le fait qu'il ne faudra pas perdre de vue pendant cette discussion. Nous trouvons ici une illustration spectaculaire de la continuité entre les états de la matière et de la possibilité de passage de l'un à l'autre.

Comment réconcilier ces deux tableaux avec les résultats de Pasteur qui montrent que la vie ne peut surgir spontanément de la matière ? Pourquoi, aujourd'hui, dans nos laboratoires ou ailleurs, on ne peut observer un tel phénomène ? Il y a deux éléments de réponse. Le premier élément est lié à la durée. La vie a, semble-t-il, besoin de temps pour apparaître, elle a mis deux centaines de millions d'années à se manifester. Le second élément est le milieu. En effet, les conditions environnantes ont été profondément modifiées par le foisonnent bactérien de la vie elle-même. Toute structuration moléculaire en élaboration aujourd'hui risquerait d'être rapidement dévorée. Mais à l'époque, il n'y avait pas des prédateurs partout. La vie a donc pu suivre son chemin.

— *Mais comment s'est faite, en réalité, il y a près de quatre milliards d'années, la transition de la matière inorganique à la matière vivante ?*

H. R. — Cela reste une des grandes énigmes de la science contemporaine. Il y a plusieurs théories, toutes plus ou moins spéculatives. Nous savons, au total, peu de chose, et les discussions vont bon train. La présence d'eau liquide a sans doute joué un rôle fondamental.

— *On dit que l'eau est le solvant miracle... Est-ce parce qu'elle permet aux molécules de se déplacer facilement ?*

H. R. — L'apparition des premières structures vivantes implique sans doute une série de rencontres et d'associations préalables, constituant des molécules de plus en plus massives. C'est ce qu'on appelle l'évolution prébiotique. L'eau est le milieu idéal pour ces phénomènes.

— *Pouvons-nous dire que la vie est apparue dès que cela lui a été possible ?*

H. R. — Disons qu'elle est apparue très rapidement, à l'échelle géologique. Les plus vieux fossiles ont été trouvés au Groenland et en Australie. Ils datent de 3,5 à 3,8 milliards d'années. Cela, pourtant, ne nous donne pas la date d'apparition de la vie, mais simplement l'âge des premiers vivants qui ont laissé des traces. On peut dire : « Voici les plus vieux fossiles connus aujourd'hui. » On ne peut pas dire : « Voici les premiers vivants. » Pour laisser des traces, il faut un organisme déjà assez élaboré avec, par exemple, une coquille siliceuse. Si des organismes mous existaient auparavant, nous avons peu de chances de les retrouver.

— *Mais n'a-t-on pas toujours une idée de ce qu'on cherche ? Quand les savants trouvent un organisme, n'est-ce pas forcément quelque chose qui correspond à leur définition de la vie ?*

H. R. — Oui, c'est un point important dont il faut tenir compte tout au long de cet entretien. Nous parlerons bientôt de ces étonnantes formes de vie découvertes récemment. Elles montrent, une fois de plus, combien notre imagination est limitée. Combien nous devons rester ouverts à l'existence de réalités dont nous n'avons pas la moindre idée. Les recherches présentes de vie ancienne sur la Terre ne sont pas guidées par une définition de la vie a priori, mais plutôt par des observations suggestives en analogie, bien sûr, avec ce que nous connaissons aujourd'hui.

Il y a deux démarches distinctes. La première, comme je l'ai mentionné auparavant, cherche à identifier des coquilles siliceuses microscopiques. La seconde se sert du fait que les processus biologiques connus modifient légèrement l'abondance relative des deux variétés (isotopes) du carbone dans l'organisme. On cherche des substances qui montrent ces variations caractéristiques. Mais, au cours du développement de la vie primitive, ces modifications isotopiques ne se sont certainement pas produites du jour au lendemain. Au début, elles étaient sans doute très légères, difficiles à identifier. Là aussi, les phases les plus anciennes risquent de nous échapper.

— On peut supposer que de tels événements n'auraient pas pu se passer n'importe où, dans n'importe quelles conditions. Que savons-nous des circonstances qui ont entouré cette métamorphose ?

H. R. — La présence du Soleil à une distance convenable est sans doute la plus importante ; ni trop près, ni trop loin. L'orbite quasi circulaire de notre planète nous assure une chaleur à peu près constante. Ensuite, bien sûr, l'existence autour de notre planète d'une atmosphère propice à la respiration.

— *L'atmosphère, étymologiquement, signifie bulle d'air. A quoi sert-elle ?*

H. R. — D'un part, sa pression empêche l'eau de s'évaporer dans l'espace. De plus, elle nous protège contre les particules de haute énergie qui circulent entre les étoiles. Notre Soleil, en particulier, en est un grand émetteur. C'est une étoile qui a un cycle de onze ans. Rappelons à ce sujet que nous sommes, en 2000, au milieu d'une période de grande activité solaire. Les belles protubérances que l'éclipse du 11 août 1999 a rendues visibles seront fréquentes pendant encore deux ou trois ans, ainsi que les orages magnétiques, sources de particules rapides dans tout le Système solaire.

— *Comment s'appellent ces particules ?*

H. R. — Electrons, protons... On y retrouve toute la panoplie des éléments chimiques jusqu'aux noyaux d'uranium, ainsi que des photons de haute énergie incluant les rayons X et les rayons gamma. Elles représentent des risques importants pour les futurs voyageurs interplanétaires.

Je précise que sur la Terre, nous bénéficions d'une double protection : l'atmosphère et le champ magnétique terrestre. Les particules qui foncent sur nous sont déviées par le champ magnétique, comme les gouttes d'eau sur un parapluie. La Lune, au contraire, qui n'a pas d'atmosphère et quasiment pas de champ magnétique, est exposée de plein fouet au rayonnement cosmique. A l'abri de cette double protection, la vie a pu apparaître et se développer.

L'activité vivante a profondément modifié la surface de la Terre, sa géologie, son climat. L'atmosphère initiale est composée de gaz carbonique et d'azote. Par sa respiration, le plancton marin transforme progressivement le gaz carbonique en oxygène moléculaire. C'est alors que se forme la couche d'ozone, issue de l'oxygène dissocié par le rayonnement ultraviolet. Les molécules d'ozone absorbent les rayons stérilisants en provenance du Soleil. Les poissons, devenus des amphibiens, abordent les continents. Tout cela s'est passé il y a environ un milliard d'années.

— *Ainsi, l'atmosphère d'oxygène s'est installée autour de la Terre comme une couverture... Comme un cocon de chenille, pour protéger la chrysalide et en permettre l'éclosion... C'est émouvant.*

H. R. — N'est-ce pas ? Et ajoutez à cela ce que l'on découvre aujourd'hui : l'activité de la vie se produit jusqu'à plusieurs kilomètres de profondeur de la surface de la Terre !

— *En somme, la vie a créé sa propre bulle pour pouvoir se développer. L'action des formes primitives a créé cet environnement favorable aux formes plus évoluées... Il est important de rappeler, comme le savant anglais James Lovelock a passé sa vie à le montrer, que la biosphère a modelé la géologie et façonné ainsi son propre support, et non l'inverse, comme on a tendance à le croire.*

H. R. — L'apparition de l'oxygène moléculaire a permis à la vie d'optimiser ses performances. Aux premiers temps de la Terre, la vie bactérienne trouve peu d'énergie dans les molécules de gaz carbonique de l'atmosphère primitive. La transformation du gaz carbonique en oxygène va fournir aux organismes une source d'énergie formidable.

— *Est-ce pour disposer d'une source d'énergie plus importante qu'ils sortent de l'eau et viennent sur la terre ?*

H. R. — Pourquoi, au fait, sont-ils sortis de l'eau ? Selon la thèse évolutionniste, il faut plutôt y voir un effet de la compétition pour de nouveaux territoires.

Les animaux se multiplient. A un moment donné, ils manquent de place...

— *La mer était pleine !*

H. R. — La vie cherche toujours de nouvelles niches écologiques. Comme le dit le vieux savant dans *Jurassic Park* : « *Life always finds a way !* », la vie trouve toujours un chemin...

— *On dirait que tout se passe dans le même mouvement. Les amphibiens sont sortis de l'eau pour aller sur la terre. Et voici que nous commençons à quitter la Terre pour aller un jour, peut-être, dans les étoiles... Nous sommes aussi les habitants d'un espace surpeuplé. Mais ce n'est peut-être pas comparable, puisque les amphibiens n'étaient pas conscients de ce qu'ils faisaient. Ils n'étaient pas, comme nous, mus par la curiosité...*

H. R. — Qui sait ?

— *Peut-on dire que la curiosité serait un facteur d'adaptation qui nous permettra peut-être un jour d'échapper au danger de la surpopulation ?*

H. R. — C'était sans doute là l'une des motivations des grandes migrations, quand nos ancêtres ont quitté l'Afrique et se sont répandus sur toute la planète. Mais revenons à ces cellules qui, les premières, apparurent sur la Terre. Etudions-les de plus près. Bien que microscopiques à notre échelle, elles sont gigantesques à l'échelle atomique.

— *Combien d'atomes y a-t-il dans les êtres unicellulaires, procaryotes ou eucaryotes ?*

H. R. — Plusieurs milliards.

— *Plusieurs milliards d'atomes ? Dans une minuscule bactérie ?*

H. R. — Chaque petite cellule possède son code génétique propre, sous forme de grandes quantités de molécules d'ADN avec leur double hélice. Or chaque chaîne d'ADN contient des millions d'atomes.

— *Comment, concrètement, la cellule fonctionne-t-elle ?*

H. R. — On compare souvent son fonctionnement à celui d'une usine de produits manufacturés. Dans un coffre-fort sont enfermés les plans détaillés des produits dessinés par les ingénieurs. Régulièrement, des ouvriers spécialisés viennent consulter ces plans et transmettent les instructions aux artisans dans les ateliers de fabrication. Le noyau de la cellule où sont stockées les instructions, c'est le génome. Ces instructions sont codées en termes d'une séquence de molécules appelées « bases nucléiques », qui jouent un rôle analogue à celui de l'alphabet dans notre langage écrit. Il y a quatre lettres : ACGT. Ces séquences forment les ADN qui déterminent la structure des protéines. D'autres molécules, appelées ARN, viennent faire des « photocopies » de l'ADN et les transmettent aux ateliers de production des protéines. Pour répondre à la question des anciens Romains, c'est grâce à ce code génétique que notre système digestif sait intégrer correctement la nourriture dans notre organisme.

La vie terrestre a existé pendant près de trois milliards d'années sous forme de cellules indépendantes. Il y a moins d'un milliard d'années, des cellules s'associent pour former les premiers organismes. Dans ces organismes multicellulaires, chaque cellule se spécialise pour jouer un rôle particulier : certaines deviennent des neurones, d'autres des globules rouges, d'autres de la peau... Pourtant, chacune conserve dans son noyau toute l'information qu'elle possédait au départ, comme l'a montré le clonage de la fameuse brebis, Dolly. Une cellule de poumon, déplacée dans un lieu approprié, peut dans certains cas se développer comme une cellule sexuelle. On en a beaucoup parlé parce qu'il s'agissait d'un clonage animal. Mais le clonage végétal est une chose très courante : chaque fois que vous faites une bouture sur votre balcon, vous faites un clonage végétal. Les cellules de la branche enterrée deviennent des cellules de racines...

— *La présence de l'ADN pourrait-elle être enfin le critère déterminant pour définir la vie ?*

H. R. — C'est plutôt une caractéristique de sa structure physico-chimique. La vie terrestre est le résultat d'une longue évolution au cours de laquelle l'ADN s'est, peu à peu, formé. On cherche à comprendre comment cet alphabet s'est élaboré au cours de l'évolution prébiotique. Il est possible qu'il ait existé des formes plus élémentaires de codification génétique.

Dans la préface du livre *The Molecular Origins of Life,* André Brack donne une définition de la vie basée sur cette codification génétique : « Les premiers vivants sont des systèmes chimiques aqueux qui peuvent transférer leur information moléculaire et évoluer. »

— *La vie serait donc, finalement, un effet secondaire de la complexité, le résultat de l'assemblage de très grosses molécules ?*

H. R. — Je dirai plutôt : la vie est une phase très avancée de la complexité. Elle implique l'interaction de très grosses molécules dotées de propriétés et de grandes capacités d'action. Plus un système est complexe, plus son interaction avec le monde est importante. Une molécule d'eau interagit simplement avec la lumière, mais une protéine à l'intérieur du corps a une action beaucoup plus spécifique.

— *Plus la molécule est complexe, plus son action est spécifique ?*

H. R. — En général, oui.

— *Peut-on dire aussi que l'autonomie vient de la complexité ?*

H. R. — Qu'appelez-vous autonomie ?

— *La capacité de s'organiser, de quitter son milieu d'origine, d'agir sur son environnement, dont l'homme serait l'exemple le plus parfait.*

H. R. — Pour être autonome, il faut d'abord avoir un milieu intérieur. En ce sens, les cellules sont autonomes : elles ont une membrane qui les isole du milieu extérieur.

— *Cette membrane n'est-elle pas à base de graisse ?*

H. R. — En effet, sans elle, la pluie nous ferait fondre. Si nous ne sommes pas solubles, c'est que nous avons une peau contenant des molécules de graisse qui assurent notre étanchéité. Notons en passant qu'on a retrouvé des lipides dans certaines météorites.

— *La cellule se situe donc à l'étage suivant, après la molécule, dans la construction du vivant...*

H. R. — Dans la séquence, les atomes s'associent pour former des molécules simples — eau, gaz carbonique —, qui s'associent pour faire des molécules plus complexes — acides aminés, bases nucléiques, ADN, protéines —, qui s'associent pour construire des cellules, qui s'associent pour fabriquer des organismes multicellulaires comme vous et moi.

— Pourra-t-on un jour fabriquer de la vie en laboratoire ?

H. R. — Rien n'est impossible a priori. Après tout, les couples humains y arrivent sans peine : ils sont équipés pour cela.

— Justement, pourquoi cherche-t-on à créer de la vie par un autre moyen puisqu'on y arrive très bien avec les vieilles méthodes ?

H. R. — D'abord, pour essayer de comprendre comment cela se passe. Le vrai test d'une bonne théorie de l'origine de la vie serait précisément de pouvoir servir de recette !

— Parlez-nous maintenant de ces nouvelles formes de vie découvertes récemment...

H. R. — On a longtemps pensé que toute vie animale ou végétale reposait en dernière analyse sur le cycle de la photosynthèse. Sous l'influence de la lumière, les végétaux utilisent le gaz carbonique et l'eau pour produire des sucres et rejeter de l'oxygène. Or on a découvert, il y a quelques années, dans l'obscurité des fosses océaniques, près des fumerolles volcaniques, des formes de vie très différentes de celles que nous connaissions. Ce sont de longs tubes mous et colorés, collés comme des ventouses sur la roche, qui foisonnent à des températures supérieures à cent degrés Celsius. Ils obtiennent leur énergie par l'oxydation des molécules sulfurées des fumerolles sous-marines. Ils ne dépendent donc pas du Soleil, mais plutôt de l'énergie interne de la Terre, responsable des émissions volcaniques.

— *C'est tout à fait nouveau, l'idée que certains organismes n'aient pas besoin de lumière ?*

H. R. — Une quinzaine d'années à peine. Et l'on vient de découvrir encore une nouvelle forme de vie à quelques kilomètres sous terre : des bactéries qui vivent dans les interstices rocheux. On pense qu'elles oxydent le fer avec de l'eau ; elles produiraient leur énergie en fabriquant de la rouille. D'autres explorations ont révélé la présence de vie bactérienne dans les conditions les plus étonnantes. Dans la glace, dans les déserts les plus secs, dans les eaux les plus salines... D'autres bactéries survivent à des irradiations radioactives gigantesques. On a inventé le mot « extrémophile » pour caractériser ces organismes extraordinaires.

— *En somme, la vie telle que nous croyons la connaître ne serait qu'un cas particulier ?*

H. R. — Jusqu'à la découverte de ces extrémophiles, nous pensions que tous les êtres vivants se procuraient leur énergie grâce aux réactions du carbone. Et voici que, tout d'un coup, la palette biochimique du fonctionnement de la vie, c'est-à-dire de l'extraction de l'énergie, a triplé ! Ces découvertes de l'élargissement des modes d'extraction de l'énergie biologique ouvrent de nouveaux horizons pour la possibilité de vie extraterrestre.

Dans cette même optique, il faut ajouter d'autres découvertes étonnantes sur l'extraordinaire possibilité de longévité de la vie microbienne. Dans les glaces profondes du lac Vostok, au milieu de l'Antarctique, on a montré la présence d'une vie bactérienne isolée de l'atmosphère depuis plus d'un million d'années !

Autre découverte, peut-être encore plus stupéfiante. Les conifères, comme chacun sait, exsudent de leur écorce une résine poisseuse qui vous colle aux doigts. Plus tard cette résine durcit et devient le bel ambre doré et transparent dont on fait des bijoux. On dispose aujourd'hui, dans les collections de minéralogie, de pierres d'ambre datant de plusieurs dizaines de millions d'années. Dans ces pierres, on trouve parfois des insectes emprisonnés ; des fossiles conservés dans des conditions de préservation quasi parfaites...

Des biologistes ont eu l'idée de disséquer une abeille fossile pour étudier les restes de sa nourriture. Comme dans notre estomac, ils y ont trouvé des colonies de bactéries. Ils ont réussi à les réanimer... Comme la Belle au bois dormant, ces bactéries n'étaient pas mortes mais dans un état d'hibernation — on dit aujourd'hui de « dormance ». Elles s'étaient repliées sur elles-mêmes comme certaines plantes du désert. De ces découvertes est née l'idée fascinante que des bactéries, bien insérées dans une météorite, puissent effectuer des voyages interplanétaires !

— Elles pourraient se réveiller au contact d'un liquide ?

H. R. — C'est ce qui vient à l'esprit...

— L'astronome américain Carl Sagan a essayé, dans son livre Cosmic connection, *d'imaginer des formes de vie plausibles sur presque toutes les planètes du Système solaire, y compris Vénus et les planètes gazeuses. Qu'en est-il, sur ces planètes voisines ? Est-ce que, sur Mars ou ailleurs, il a existé des conditions qui auraient pu permettre l'apparition de la vie ?*

H. R. — Nous avons déjà parlé des conditions qui nous paraissent indispensables à l'apparition de la vie (telle que nous la connaissons !). La planète porteuse doit avoir une masse suffisante pour retenir, par son champ de gravité, de l'eau liquide à sa surface. La température superficielle ne doit être ni trop basse — on a de la glace —, ni trop élevée — on a de la vapeur.

Mercure, la planète la plus proche du Soleil, connaît des températures hautement variables qui s'élèvent le jour jusqu'à plusieurs centaines de degrés. Elle n'a pas d'atmosphère, mais peut-être un peu de glace dans ses régions polaires. Ce n'est pas très prometteur...

Vénus possède une atmosphère énorme, cent fois plus massive que la nôtre. Constituée en majorité de gaz carbonique, elle engendre un effet de serre qui porte la température de sa surface à plus de cinq cents degrés centigrades. Il y de l'eau, mais sous forme de vapeur. Il pleut, mais c'est de l'acide sulfurique. Là non plus, pas grand-chose à attendre...

— *Sait-on s'il y a de la vie sur Mars ?*

H. R. — C'est là un domaine particulièrement actif de la recherche planétaire contemporaine. L'exploration de la surface martienne par la sonde Viking en 1976 n'a pas fourni d'indices de l'existence de formes vivantes. Les missions plus récentes non plus.

Comme Nicolas Prantzos vous l'a raconté, cette question a connu un rebondissement spectaculaire — mais décevant — il y a quelques années. Des campagnes de recherche de météorites menées dans l'Antarctique (sur les glaciers, les pierres d'origine extraterrestre sont plus faciles à identifier que dans nos labours) ont permis de rapporter en laboratoire un certain nombre de pierres provenant très vraisemblablement de la planète Mars — les arguments en faveur de cette origine martienne sont assez solides. En observant ces pierres au microscope électronique, des scientifiques de la Nasa y ont identifié des structures particulières provenant, selon eux, de formes vivantes fossilisées. Leur principal argument était le suivant : on ne connaît aucun mécanisme physico-chimique pouvant expliquer la présence de ces structures sans faire appel à des phénomènes biologiques. Aujourd'hui, on ne croit plus à cette thèse. Ces structures ne suffisent pas à prouver l'existence d'une vie antérieure fossilisée sur Mars.

— *Retour à la case départ ?*

H. R. — Mars possède une mince atmosphère de gaz carbonique. Sa surface est sèche, elle est plus froide que l'Antarctique... Mais de nombreuses structures géologiques, en particulier des ravinements profonds aux abords des canyons, suggèrent fortement la présence de fluides — sans doute de l'eau — dans un passé estimé à plus d'un milliard d'années. Un océan aurait occupé les basses terres situées près du pôle Nord martien.

Aujourd'hui, cependant, pour des raisons mal connues, Mars a perdu ses nappes aquatiques. L'eau est probablement présente sous forme de permafrost dans les couches profondes du sol. Mars aurait-elle dans le passé hébergé de la vie ? Pourrions-nous y retrouver des fossiles ? Et peut-être même des bactéries en état de dormance comme au cœur des glaces du lac Vostok ou dans l'estomac des abeilles prisonnières de l'ambre ? Les sondes spatiales qui voguent maintenant vers cette planète tenteront d'étudier cette question. Plus tard, des échantillons martiens seront ramenés sur notre planète et analysés en laboratoire. Pour éviter les risques d'infection, une sévère quarantaine est déjà prévue.

Les scientifiques se tournent également vers les satellites des planètes géantes. Europe, satellite de Jupiter, photographié de près par la sonde Galileo, montre une surface couverte de glaces, semblable à la banquise de l'Arctique. Une comparaison entre des images prises à différentes périodes indique des changements importants dans l'aspect de ces formations glacées. Ces mouvements suggèrent la présence d'eau liquide sous la banquise. Là aussi, le lac Vostok revient en mémoire... De tels phénomènes existeraient également à la surface de deux autres satellites de Jupiter : Ganymède et Callisto. Titan, satellite de Saturne, est aussi l'objet d'un grand intérêt. Sa surface est recouverte d'une épaisse atmosphère, cachant vraisemblablement des nappes liquides. On y retrouve de l'azote et aussi des hydrocarbures — molécules composées de carbone, d'oxygène et d'hydrogène. Tout cela agite fortement l'imagination des chercheurs de vie extraterrestre...

LE BILLARD PLANÉTAIRE

— *Cette découverte des extrémophiles a inspiré au paléontologue Stephen Jay Gould un livre,* L'Eventail du vivant, *où il dit que l'existence de ces bactéries, qui oxydent le soufre ou le fer, constituerait un argument en faveur de l'hypothèse de la vie sur d'autres planètes. Car elles peuvent survivre, très profondément enfouies dans les océans et les sous-sols. Qu'en pensez-vous ?*

H. R. — Oui, ces extrémophiles ont bouleversé les spéculations sur la vie extraterrestre, et grandement stimulé les recherches. Après la découverte au pôle Sud de ces météorites provenant de Mars, dont nous avons parlé tout à l'heure, les astrophysiciens ont lancé l'idée du « billard planétaire ». Imaginez une grosse météorite qui frappe la surface de Mars dans un angle rasant. Elle éjecte dans l'espace des quantités de débris pierreux. Ces cailloux, animés d'une vitesse suffisante, s'extraient du champ de gravité martien. Ils tombent alors vers le Soleil. Au passage, notre planète peut en intercepter quelques-uns. C'est là l'origine vraisemblable des météorites martiennes retrouvées dans l'Antarctique.

— *La Terre aurait-elle pu aussi envoyer des pierres sur Mars ?*

H. R. — Bien sûr ! Des calculs ont permis de modéliser ces phénomènes en tenant compte de la fréquence des collisions d'astéroïdes avec les planètes du Système solaire. On a montré que les quatre planètes rocheuses : Mercure, Vénus, la Terre, Mars, ainsi que la Lune, échangent en permanence des débris de collisions astéroïdales. Imaginons que quelques-unes de ces pierres abritent des colonies de bactéries en dormance. Protégées des rayonnements ionisants de l'espace, celles-ci pourraient parcourir de grandes distances et arriver indemnes sur notre planète.

— *Ainsi, les météorites seraient les abeilles de l'espace, porteuses du pollen cosmique...*

H. R. — On pourrait parler d'ensemencement réciproque. Par ailleurs, imaginez que, grâce aux sondes envoyées récemment, on trouve sur Mars des traces d'êtres vivants. La question se poserait aussitôt : cette vie est-elle née sur Mars ou vient-elle d'ailleurs ? De notre planète, par exemple ? Et, après tout, notre vie terrestre est-elle vraiment issue de notre planète ? Ou bien sommes-nous d'origine martienne ? A partir de l'idée du billard planétaire, toutes les hypothèses sont permises !

— *Peut-on étendre encore le domaine du billard ? Envisager des échanges avec d'autres systèmes planétaires autour d'autres étoiles ?*

H. R. — Dans ce cas, les distances sont gigantesques et les durées interminables. On pense qu'à ces échelles de temps les bactéries les plus coriaces résisteraient mal à la radioactivité naturelle des pierres dans lesquelles elles seraient enfouies. Mais les capacités de résistance de la vie bactérienne nous réservent peut-être encore bien des surprises. L'important, ici, est l'évolution des idées sur ces sujets. Bien sûr, pour l'instant, nous n'en sommes qu'au stade des spéculations. Mais on peut aujourd'hui énoncer des hypothèses qui, il y a quelques années à peine, auraient été considérées comme farfelues : elles sont entrées dans le domaine du possible.

— Jacques Monod a écrit : « L'Univers n'était pas gros de la vie et de la conscience. » Etes-vous d'accord avec lui ?

H. R. — C'était l'opinion générale il y a quelques décennies, en particulier chez les biologistes. Selon Jacques Monod, dans *Le Hasard et la Nécessité,* l'apparition de la vie serait un phénomène tellement extraordinairement improbable qu'il n'aurait pu se produire qu'une seule fois. Ironiquement, on serait tenté d'ajouter : « Et encore ! Il faut le voir pour y croire ! » Corollaire immédiat de cette opinion : selon Monod, nous sommes très assurément seuls dans l'Univers.

Depuis cette époque, un certain nombre de faits et d'observations ont sérieusement ébranlé cette conviction. Je vais les décrire. Il y a eu d'abord, en 1955, les célèbres expériences des chimistes américains Harold Urey et David Miller. Pour simuler les conditions terrestres initiales, ces chercheurs ont introduit dans une enceinte fermée un mélange d'eau et de gaz variés contenant de l'oxygène, de l'hydrogène, du carbone et de l'azote. Ils ont irradié le tout avec des décharges électriques pendant plusieurs jours. Et ils ont observé.

Progressivement, le liquide est devenu brunâtre et a commencé à exhaler une odeur pharmaceutique. L'analyse chimique y a révélé la présence d'une variété de molécules nouvelles incorporant plusieurs atomes, parmi lesquels se trouve toujours du carbone. En particulier, des molécules d'acides aminés que l'on retrouve dans la composition des protéines.

Ces résultats ont stupéfié la communauté scientifique. On estimait alors extrêmement improbable la formation de telles structures moléculaires par la simple action de décharges électriques sur des molécules simples. On avait peut-être retracé là, avec une expérience extrêmement rudimentaire, les premières étapes de l'élaboration de la vie sur la Terre. Cela donnait à réfléchir...

Second fait, une série d'observations radioastronomiques allant globalement dans le même sens. Pour étudier la composition du milieu interstellaire et, en particulier, la présence possible de molécules de dimensions importantes, un groupe d'astronomes a envisagé la construction de radiotélescopes. Ces instruments sont particulièrement bien adaptés à la détection de plusieurs molécules qui émettent dans le domaine millimétrique.

Mais y a-t-il des molécules dans l'espace ? Probablement très peu, répondent les spécialistes, pour des raisons de probabilité. La formation de telles molécules implique que les atomes constituants ont eu l'occasion de se rencontrer et de s'associer. Or la densité des atomes dans l'espace est très faible. En conséquence la probabilité, par exemple, que, dans cet immensité vide, deux atomes d'hydrogène rencontrent un atome d'oxygène pour former de l'eau est très faible. Et, plus faible encore, la probabilité de former des molécules incorporant un nombre plus élevé d'atomes. Inutile, disent ces spécialistes, d'investir des fonds pour détecter de grosses molécules interstellaires : il n'y en a pas ! Mais les radioastronomes ne se sont pas laissé décourager. Et heureusement ! Ils ont découvert que l'espace fourmille de molécules complexes, incorporant jusqu'à des dizaines d'atomes. On en a repéré plus d'une centaine de variétés différentes.

Fait significatif, important pour notre sujet : toutes les molécules incorporant plus de trois atomes contiennent du carbone. On y trouve en particulier du formaldéhyde, de l'acétylène et de l'acétonitrile. Ce sont là des espèces moléculaires qui ont certainement joué un rôle important dans la chimie prébiotique. Les plus grosses sont des « polycycliques aromatiques », des molécules que l'on retrouve dans les parfums des fleurs ainsi que dans le pétrole. Ces molécules contiennent une quarantaine d'atomes. Mais leur identification dans l'espace est encore discutée.

— Ces grosses molécules interstellaires, est-ce déjà de la vie ?

H. R. — Non. Il n'y a aucune raison de penser qu'elles ont les propriétés des êtres vivants, en tout cas au sens habituel du terme. Comme nous l'avons dit, les molécules constitutives des êtres vivants sur la Terre — et en particulier les protéines — sont composés de millions, voire de milliards d'atomes !

— Où était l'erreur des théoriciens ? Comment ces molécules avaient-elles pu s'assembler dans des espaces aussi vides ?

H. R. — On a fini par comprendre. Il existe dans l'espace une grande quantité de grains de poussières. Leur présence se manifeste par l'émission d'une lumière infrarouge caractéristique. Indirectement, elle se manifeste aussi par une absorption de la lumière des étoiles à certaines longueurs d'onde. Il s'agit de petits solides d'environ un micron, ou moins.

Ces grains, composés généralement de silicate ou de carbone, se forment dans les atmosphères stellaires violemment éjectées dans l'espace. Ils jouent un rôle déterminant dans la formation des molécules spatiales. Pour les atomes errant dans l'espace, un grain de poussière, c'est un peu comme une planète. Les grains viennent les heurter et parfois y restent accrochés. La surface des grains devient un lieu de rencontre où des molécules se constituent. Plus tard, elles se détachent du grain et repartent dans l'espace.

Question probabilité, cela change tout ! Il est plus facile de se faire des amis en allant dans un club de rencontres qu'en errant au milieu du désert ! Eh oui, on n'avait pas pensé à cela... En conséquence, on avait largement sous-estimé les probabilités de formation de molécules interstellaires. La nature a beaucoup d'imagination !

Enfin, troisième série d'observations hautement suggestives : sur certaines météorites carbonées tombées du ciel, on trouve près d'une centaine d'acides aminés. Huit d'entre eux se retrouvent dans la constitution des protéines. Ces météorites résultent vraisemblablement, rappelons-le, de collisions de petites planètes, les astéroïdes, dont les débris dispersés dans l'espace ont fini par atteindre la Terre. On peut supposer que, sur ces astéroïdes, des réactions dites prébiotiques avaient eu lieu, sans pourtant pouvoir conclure que la vie s'y était vraiment épanouie. A nouveau, la communauté scientifique a été stupéfiée. Personne ne s'y attendait !

— *Quelles conclusions en tirez-vous ?*

H. R. — Il s'agit en fait d'un faisceau d'indices qui vont tous dans le même sens. Nous avons tellement cru que notre existence était un phénomène unique, excessivement improbable ! Tout se passe comme si la nature nous envoyait des signes pour nous dire : Attention, ne concluez pas si vite. Vous manquez d'imagination !

— *A la lumière de ces nouveaux indices, reprenons la question qui nous préoccupe : sommes-nous seuls ou y a-t-il d'autres civilisations dans le grand espace ?*

H. R. — Je vais tenter de répondre à deux niveaux différents. Nous n'avons aucune certitude, dans un sens ou dans l'autre. Même s'il n'y a pas d'explications valables pour tous les phénomènes regroupés sous la dénomination ovni, je ne crois pas qu'on y ait trouvé des preuves crédibles de la visite d'extraterrestres sur notre planète. Tout cela, à mon avis, relève beaucoup plus de l'imagination que de la réalité. Mais cela pourrait venir... Qui sait ?

— Il est important de le dire dans ce livre : quand vous, Hubert Reeves, vous affirmez qu'il n'existe pour le moment aucune preuve d'aucune sorte, ce n'est pas l'effet d'un préjugé idéologique, mais une simple constatation ! Si les gens qui ont « vu des ovnis » avaient apporté des indices convaincants, les scientifiques auraient-ils refusé de les examiner ? Si l'on vous avait dit : venez voir, il y a un ovni dans le jardin, seriez-vous allé y voir ? Et si vous aviez vu un ovni, l'auriez-vous admis ?

H. R. — Certainement !

— Il faut insister sur ce point, car les gens qui croient aux ovnis s'imaginent souvent que la communauté scientifique ne veut pas les entendre. Un grand mathématicien français a dit au cours d'une émission de télévision : « Si j'entends à la radio qu'une soucoupe volante s'est posée dans mon jardin, je vais fermer les volets et je continue mon travail. »

H. R. — Sans doute manquait-il de curiosité. Cela existe, même chez les savants ! Cela dit, je suis certain que s'il y avait vraiment « quelque chose », tout le monde se précipiterait. C'est un peu comme dans *Mars attacks.* Si le débarquement se produisait, on le saurait !

De même, Jean Heidmann vous l'a dit, aucun message télémétrique confirmant l'existence d'émetteurs intelligents dans l'espace interstellaire n'a été capté par nos radiotélescopes. Donc, première réponse : nous n'avons aucune preuve directe de l'existence de civilisations extraterrestres.

A un niveau plus indirect, il existe un argument théorique en faveur de la vie extraterrestre qui me séduit passablement. Cela pourrait s'appeler l'« argument de la troisième fenêtre ». Les trois fenêtres en question s'ouvrent sur la réalité à des échelles différentes.

Par la première fenêtre, on regarde l'Univers à grande échelle. On reconnaît une grande homogénéité dans le mode de structuration de la matière : partout des galaxies peuplées d'étoiles. Sans être identiques, loin s'en faut, les galaxies ont beaucoup de caractéristiques communes, tout comme les étoiles entre elles. Ces astres, manifestement, se sont formés par des processus analogues. Le mode d'organisation de ces grandes masses de matière paraît bien universel.

La deuxième fenêtre s'ouvre sur le monde des atomes et des molécules. Nous ne les voyons pas directement, mais ils se signalent à nous par la lumière qu'ils émettent et absorbent. Nous avons identifié dans nos laboratoires de chimie une centaine d'atomes : carbone, oxygène, fer, plomb... Ils sont classifiés dans la table de Mendeleïev, généralement affichée sur les murs de nos écoles.

— *Les briques de l'Univers...*

H. R. — Or, aussi loin que l'on regarde, on n'a jamais trouvé dans l'Univers une seule variété atomique qui ne soit pas incluse dans cette classification. Même dans les quasars les plus lointains, on retrouve du carbone, de l'oxygène, du fer, etc. De surcroît, chacun de ces atomes existe dans un bon nombre d'états d'énergie, toujours les mêmes partout. On le constate par la lumière émise récemment par les étoiles voisines comme par celle qui voyage depuis des milliards d'années.

Mêmes observations dans le monde des molécules. On identifie aujourd'hui la présence de molécules interstellaires dans des galaxies situées à plusieurs dizaines de millions d'années-lumière. Des structures moléculaires toujours analogues à celle que nous connaissons ici. Comme je l'ai mentionné plus haut, toutes celles qui incorporent plus de trois atomes sont à base de carbone. En résumé, par ces deux fenêtres, nous observons une grande uniformité dans le mode de structuration de la nature.

— *Et la troisième fenêtre ?*

H. R. — Avant d'en venir à la troisième fenêtre, je voudrais ajouter une observation peut-être encore plus significative. Il s'agit de la grande universalité des lois de la physique. Ce sont elles qui gouvernent l'intensité des forces de la nature. On aurait pu se demander si ces forces sont les mêmes sur la Terre et dans les galaxies les plus lointaines, aujourd'hui et il y a dix milliards d'années. Rien a priori ne le garantit. Est-ce que la constante de Newton qui décrit la gravité, ou les lois de Maxwell qui décrivent l'électromagnétisme ne pourraient pas être différentes à l'autre bout du cosmos ?

Heureusement, il est possible d'étudier cette question à partir d'un certain nombre d'observations appropriées. Et les réponses sont unanimes : oui, les lois sont universelles, les mêmes, partout, avec les mêmes intensités et les mêmes propriétés caractéristiques.

— *C'est extraordinaire qu'on ait réussi à le vérifier...*

H. R. — Oui. Et c'est aussi très pratique qu'elles soient les mêmes partout ! Parce que, si les lois étaient différentes d'une étoile à l'autre, d'une galaxie à l'autre, l'astrophysique aurait rencontré de grandes difficultés. On serait tenté de dire que la nature, en ce sens, a manifesté beaucoup de bienveillance pour les chercheurs !

— *Pouvez-vous nous rappeler quelles sont ces forces et nous les décrire ?*

H. R. — Il y en a quatre : la gravité, l'électromagnétisme, la force nucléaire et la force faible.

— *Quel rôle joue la force électromagnétique ?*

H. R. — Elle joue en quelque sorte le rôle d'une colle à l'échelle atomique. Au centre de l'atome se trouve un noyau formé de protons et de neutrons. Autour de ce noyau se situent les électrons. Les électrons sont négatifs, les noyaux sont positifs. Par l'effet de la force électromagnétique, ils s'attirent mutuellement et forment ainsi des atomes stables. Toujours sous l'effet de cette même force, ceux-ci peuvent eux-mêmes se combiner pour construire des édifices moléculaires atteignant quelquefois des dimensions gigantesques, comme les protéines.

— *Peut-on dire que la force électromagnétique serait l'équivalent au niveau atomique de la force gravitationnelle pour les planètes ?*

H. R. — En un certain sens, cela y ressemble : ce sont des forces qui soudent. La gravitation crée des systèmes stables à l'échelle astronomique. Grâce à son action, la Lune reste en orbite autour de la Terre, la Terre autour du Soleil, et le Soleil autour du noyau de notre Galaxie.

— *Et la force nucléaire ?*

H. R. — Elle soude, elle aussi, mais à une échelle plus petite que la force électromagnétique. C'est elle qui lie les protons et les neutrons à l'intérieur du noyau, et aussi les quarks à l'intérieur des protons et des neutrons. Quant à la force faible, sa faiblesse, précisément, ne lui permet pas de souder quoi que ce soit. Elle ne produit pas de structures stables.

— *Il y a donc trois forces qui soudent : nucléaire, électromagnétique et gravitationnelle.*

H. R. — Chacune à son échelle et avec sa puissance propre. A l'échelle des noyaux, la très puissante force nucléaire règne. Elle assemble tous les noyaux, de l'hydrogène lourd jusqu'à l'uranium. La force électromagnétique domine la scène suivante, des atomes aux molécules géantes, jusqu'aux baleines et aux séquoias, et en fait jusqu'aux astéroïdes. A plus grande échelle encore, la force de gravité structure les étoiles et les galaxies.

— *Qu'en est-il, maintenant, de la troisième fenêtre ?*

H. R. — Oui, nous y venons. C'est celle qui correspond aux structures intermédiaires entre les atomes et les étoiles. Celle des plantes et des animaux. Celle qu'il faudrait savoir ouvrir pour détecter en direct la présence d'êtres vivants et de civilisations extraterrestres. Pour l'instant, elle est fermée. Elle s'ouvrira le jour où Jean Heidmann percevra des signaux radio à Nançay...

— *Puisque l'infiniment petit est homogène et que la structure globale de l'Univers l'est aussi, on a envie de parier qu'il en va de même pour la fenêtre intermédiaire...*

H. R. — Oui. On peut proposer l'argumentation suivante, fondée sur les observations faites dans les deux autres fenêtres. Rappelons que les lois sont les mêmes partout et que les forces jouent, chacune à son échelle, le rôle de colle universelle. Sachant que la nature a trouvé le moyen de structurer la matière de façon analogue à grande et à petite échelle, on peut supposer qu'il en va peut-être de même dans l'échelle intermédiaire.

L'argumentation prend encore plus de force si l'on tient compte de la continuité entre les différents niveaux de complexité, depuis les phénomènes atomiques jusqu'aux phénomènes physiologiques. Mais, encore une fois, rappelons qu'il s'agit au mieux d'un argument de plausibilité. On peut l'accepter ou le refuser. Seules les observations directes permettront de trancher.

— *Ce que vous cherchez à nous faire percevoir, c'est l'unité de ce formidable système ?*

H. R. — Oui, je veux insister sur l'homogénéité des structures qui peuplent notre cosmos. Revenons maintenant sur un point mentionné à plusieurs reprises : le fait que toutes les molécules interstellaires de grande taille, comme celles de notre Galaxie, contiennent toujours un grand nombre d'atomes de carbone. On s'est souvent demandé si la vie extraterrestre ne pourrait pas être à base d'autres atomes que le carbone, le silicium, par exemple. L'omniprésence du carbone dans les structures moléculaires repérées dans l'espace nous laisse penser qu'en fait c'est partout le carbone qui agence les structurations.

Mais attention : homogénéité ne veut pas dire identité. La diversité des plantes et des animaux terrestres l'illustre abondamment. On a découvert en Australie des animaux qui n'existent pas en Eurasie : les kangourous et les casoars semblent très différents des animaux de nos contrées. Mais, somme toute, ces différences sont bien superficielles. De même que nos lions et nos éléphants, ces animaux possèdent des yeux, un nez, une bouche, un système respiratoire, un système sanguin, un système reproductif, etc. Ce qui importe pour notre discussion, c'est que, dans leurs grandes lignes, les structures se ressemblent.

Et il y a de bonnes raisons à cela. Pour se maintenir aux niveaux les plus élevés de la complexité, il faut obéir à une logistique implacable : celle de la survie. Contrairement aux atomes, les êtres vivants ne sont pas éternels, ils sont même très fragiles. Ils doivent extraire de grandes quantités d'énergie du milieu extérieur. Ils doivent manger, en évitant d'être mangés. Ils doivent se reproduire, parce que leur durée de vie est limitée. Si la vie existe ailleurs, elle fait vraisemblablement face aux mêmes problèmes. Mais elle peut avoir trouvé des solutions différentes...

— *Imaginons une planète où toutes les conditions favorables (chaleur tempérée, atmosphère, eau liquide, etc.) sont rassemblées. Quelles sont les probabilités d'y voir apparaître des vivants après un certain temps d'incubation ?*

H. R. — Nous ne disposons pas d'assez d'éléments pour calculer de telles probabilités. Notre ignorance dans ces domaines est encore trop grande. Voici une comparaison qui illustrera la nature de ce problème. Prenez un dé ordinaire à six faces, numérotées de un à six. Vous pouvez calculer la probabilité de gagner : le chiffre sur lequel vous avez parié sortira une fois sur six. Mais imaginons que nous avons affaire maintenant à un autre dé, avec un grand nombre de faces. Il est impossible de calculer les chances de gagner si l'on ne connaît pas ce nombre ! De même, tant que nous ne connaîtrons pas exactement les mécanismes de l'élaboration de la vie, nous ne saurons pas calculer la probabilité de son apparition. Disons que pour l'instant nous parlons plutôt de plausibilité, non de probabilité.

— *Ce qui explique que des gens compétents aient des opinions différentes sur ce sujet...*

H. R. — Des renseignements intéressants pourraient peut-être nous parvenir de la façon suivante. Imaginons qu'on découvre des structures biologiques — fossilisées ou encore vivantes — sur la planète Mars. On les ramène sur Terre, on examine leur ADN.

Premier cas de figure : il est identique au nôtre, avec les quatre bases nucléiques que nous connaissons (A, C, G, T) et vingt acides aminés. Dans ce cas, on pourra penser que la vie sur Terre vient de Mars, ou l'inverse, selon les aléas du grand billard planétaire.

Deuxième cas — et ce serait de beaucoup le plus intéressant ! —, la structure physico-chimique de l'ADN serait différente de la nôtre. Il y aurait, par exemple, cinq bases nucléiques, ou trois... Cela signifierait vraisemblablement que la vie s'est développée de manière autonome, d'une part sur Mars et d'autre part sur la Terre. Comme Nicolas Prantzos vous l'a dit, on devrait alors constater que la vie s'est développée indépendamment sur deux planètes habitables du Système solaire. Cela donnerait un poids considérable à l'idée que la vie est un phénomène hautement probable, contrairement à l'opinion de Jacques Monod !

— *Ce serait encore l'une de ces découvertes qui changent tout ! Un petit caillou avec une forme de vie dotée de cinq bases nucléiques suffirait donc à bouleverser toute notre vision de l'Univers !...*

H. R. — Il y a d'autres observations qui touchent indirectement à la question de la possibilité de vie extraterrestre. Je pense au programme de détection de planètes autour d'autres étoiles dont Alfred Vidal-Madjar vous a parlé. En mars 2000, nous avons recensé une trentaine de planètes autour d'étoiles proches. Statistiquement, cela ne me paraît pas tout à fait suffisant pour parler de probabilités. Mais les progrès sont rapides, et peut-être pourrons-nous bientôt être plus quantitatifs.

— *Il semblerait incroyable que l'on découvre des planètes autour d'étoiles si proches de nous, et qu'il ne s'en trouve pas partout dans la Galaxie...*

H. R. — Si, il y en a sûrement ! Mais prenons la mesure de notre ignorance ! Avant cette découverte, on croyait qu'il ne pouvait y avoir, au proche voisinage d'une étoile, que de toutes petites planètes, comme dans notre Système solaire. On expliquait le phénomène en avançant l'idée que les planètes massives — du type de Jupiter ou de Saturne — devaient être assez éloignées de l'étoile pour permettre à l'hydrogène et à l'hélium de s'y condenser. Ces éléments représentent en effet la quasi-totalité de leur masse. Eh bien, nous avions tout faux ! Les planètes détectées — aussi massives que Jupiter — orbitent à de très faibles distances de leur étoile, quelquefois à l'intérieur d'une orbite analogue à celle de Mercure. Nos théories sur la formation des planètes sont donc à revoir...

— *Ces planètes seraient-elles habitables ?*

H. R. — Vraisemblablement pas. Du moins pour les formes de vie que nous connaissons. Mais le fait de n'avoir détecté que de grosses planètes ne révèle que les limitations des techniques contemporaines. Il est tout à fait possible que, comme dans notre Système solaire, ces planètes géantes soient accompagnées d'un cortège de petites planètes rocheuses peut-être habitables. Nous devrions en apprendre plus dans les années qui viennent, grâce aux méthodes d'interférences à haute résolution.

Il existe une autre technique susceptible de nous donner des indications intéressantes. Notre Terre, rappelons-le, est la seule planète du Système solaire à posséder une atmosphère d'oxygène moléculaire. Comme je l'ai rappelé plus haut, cette composition résulte de l'action combinée des êtres vivants. La détection d'une atmosphère semblable à la nôtre sur une planète autour d'une autre étoile serait sur ce point d'un intérêt majeur.

— *Dans* Cosmic Connection, *Carl Sagan envisageait la présence de planètes autour d'étoiles à très faible intensité lumineuse, comme les naines blanches...*

H. R. — C'est tout à fait possible.

— *Il est possible que des créatures vivent dans les ténèbres, dans le noir absolu, loin de toute lumière ?*

H. R. — On peut tout imaginer ! Aujourd'hui, dans cette recherche d'une vie éventuelle, on s'intéresse plutôt aux planètes détectées autour des étoiles. Pourquoi ? Parce que c'est là que l'on voit clair...

— *C'est l'histoire du réverbère, le monsieur cherche son portefeuille là où c'est éclairé...*

H. R. — Et nous avons déjà bien assez de choses à voir à la lueur des réverbères !

— *Il est vrai, comme vous le disiez, que l'on a découvert de la vie à plusieurs kilomètres sous la surface de l'océan Pacifique, dans une obscurité totale. C'est ahurissant ! Et cela réveille les fantasmes les plus archaïques de l'humanité sur ce qui est tapi dans l'ombre, au fond des eaux... Une fois de plus, on s'aperçoit qu'une ou deux découvertes suffisent à révolutionner tout un champ scientifique !*

H. R. — Elles montrent surtout que la vie a plus d'un tour dans son sac...

Le fantôme de l'Univers

— *Il y a aussi les étonnantes spéculations sur la matière sombre, qui semble jouer un rôle dominant dans l'Univers. Pourrait-on un jour trouver de la vie dans ces zones obscures ?*

H. R. — En effet, nous savons maintenant que la matière qui nous constitue, atomes et molécules variés, ne représente qu'une fraction très faible de l'ensemble de la matière. Il existe d'autres formes de matière que nous ne voyons pas et dont nous ne savons rien, sauf qu'elle n'est pas composée, comme vous et moi, de nucléons et d'électrons.

— *Comment l'avons-nous détectée ?*

H. R. — Elle se manifeste par son champ de gravité, en perturbant les orbites des astres visibles. Comme l'a établi Albert Einstein, toute matière participe à l'attraction universelle. Un corps qui se déplace verra sa course déviée s'il passe à proximité d'une masse, quelle qu'en soit la nature. Ce qui est troublant, c'est que cette « masse sombre » semble constituer environ 90 % de la matière de l'Univers.

— *Où est-elle ? Un peu partout ?*

H. R. — Nous commençons à peine à la localiser. Il semble qu'elle ne soit pas majoritairement présente à l'intérieur du disque de notre Galaxie, mais plutôt dans le halo sphérique qui l'entoure.

— *Alors, la Galaxie serait en fait une immense sphère sombre avec un disque lumineux formé d'étoiles à l'intérieur ?*

H. R. — Apparemment. Les premières indications concernant l'existence de matière sombre nous sont parvenues il y a plus de cinquante ans. Toutes les recherches actuelles confirment la présence de cette mystérieuse composante mais ne donnent aucune indication crédible sur sa nature.

— *La vie peut-elle naître au sein de la matière sombre ?*

H. R. — Nous n'en avons pas la moindre idée ! Sauf par la gravité, on ne connaît pas d'interactions entre elle et la matière ordinaire. Pas d'interaction électromagnétique, en tout cas : cette matière n'absorbe et n'émet pas de photons. Donc, pas de réactions chimiques. Il faudrait imaginer des formes de vie plus étranges encore. Mais aujourd'hui, on a appris à s'attendre à tout...

— *Elle est peut-être faite d'autres particules ?*

H. R. — Oui, c'est dans cette direction que se font les recherches. Mais nous sommes dans le noir, c'est le cas de le dire ! Et cela pose des problèmes intéressants à la physique des particules. Les théoriciens essaient d'imaginer de nouveaux types de particules et tentent de les fabriquer dans leurs grands accélérateurs. Si l'on détectait un jour une variété de particules qui, d'une part, correspondent aux attentes des théoriciens et, d'autre part, soient suffisamment abondantes pour constituer la matière sombre, ce serait la fête au village ! Mais pour l'instant c'est plutôt la bouteille à l'encre, une encre vraiment très noire.

— *Que peut-on dire des rapports de cette matière sombre avec la vie ?*

H. R. — On ne peut rien en dire pour l'instant, sinon que la présence de la vie n'y est pas exclue.

— *Mais il doit forcément y avoir un rapport, puisque tout cela se passe dans le même Univers. Ne serait-ce qu'une coexistence pacifique, une cohabitation ?*

H. R. — En effet.

— *Si cette matière sombre représente vraiment quatre-vingt-dix pour cent de la masse totale de l'Univers, on peut aussi imaginer qu'elle soit partout présente, ici même, mais qu'on ne dispose pas encore d'instruments pour la détecter. Il y a un siècle, on n'avait pas repéré les neutrinos, dont on sait aujourd'hui qu'ils nous traversent en permanence, et par milliards...*

H. R. — On essaie, en effet, de construire des instruments qui pourraient la détecter sur la Terre.

— *Elle devrait être plus facile à trouver que les neutrinos, qui interagissent très peu avec notre matière ?*

H. R. — Ils interagissent quand même, puisqu'on les détecte. Très faiblement, certes, mais on connaît leur interaction, on connaît leurs propriétés. Or, tout ce que nous savons de la matière sombre, c'est qu'elle est sensible à la gravité... Sans quoi, on ne la connaîtrait même pas.

— *Ce serait le fantôme de l'Univers...*

LE CONTACT EST-IL POSSIBLE ?

— *Entrons maintenant dans le domaine des hypothèses pures. Imaginons qu'il existe une intelligence égale ou supérieure à la nôtre dans d'autres systèmes solaires ou dans d'autres galaxies. Le contact serait-il possible, compte tenu de l'immensité de l'Univers ?*

H. R. — Peut-être, mais à condition, évidemment, que ces « gens » aient envie d'entrer en contact avec nous... Cela me rappelle une histoire. Observant le ciel, une nuit d'été, des Terriens voient les étoiles se déplacer lentement. Intrigués, ils regardent attentivement. Les astres se disposent pour former des lettres, comme dans le tableau de Magritte où elles écrivent le mot DÉSIR. Dans mon histoire, ce sont les mots COMMENT ALLEZ-VOUS ? qui s'inscrivent sous les yeux ébahis des observateurs... Grand émoi dans la communauté. On prépare rapidement un comité d'accueil. Pour répondre à ces interlocuteurs inattendus, on installe au sol d'immenses signaux lumineux où sont écrits les mots : BIEN, MERCI, ET VOUS ? On surveille le ciel avec impatience. La réponse ne tarde pas à venir. Lentement les étoiles se meuvent et forment les mots : C'EST PAS A VOUS QU'ON PARLE !

— *Il faudra faire attention aux malentendus ! C'est déjà assez compliqué entre humains...*

H. R. — Les premiers contacts se feraient vraisemblablement par télémétrie radio. Les Terriens ont commencé à émettre des messages par ondes électromagnétiques il y a environ un siècle. Ces ondes voyagent à la vitesse de la lumière. Cela signifie que, tout autour de la Terre, dans une sphère d'une centaine d'années-lumière, se propagent la TSF, les émissions radiophoniques, les feuilletons de télévision, *Dallas* et son univers impitoyable, etc. Cette sphère contient plusieurs milliers d'étoiles. L'étoile Bêta Pictoris est à soixante-six années-lumière de nous. Imaginons l'existence, quelque part dans le disque de poussières qui l'entoure, d'une civilisation très avancée dotée de gigantesques radiotélescopes. Peut-être, en ce moment même, des personnes écoutent-elles nos émissions radio des années 1930 ! Pour *Dallas* il leur faudra attendre encore quelques années...

Jean Heidmann vous a parlé des programmes d'écoute de messages en provenance des astres. Nous n'avons encore rien reçu, il est vrai. Mais cela est-il vraiment significatif ? Nous ne connaissons pas toutes les modalités des systèmes de communication de ces hypothétiques civilisations extra-terrestres. Par analogie, imaginons le cas d'un Amérindien qui vivait dans l'Arizona il y a trois siècles. Supposons que, par quelque miracle, il revienne à la vie aujourd'hui. Autour de lui, il cherche vainement les signaux de fumée qui servaient de moyen de communication en son temps. Il serait peut-être tenté de supposer que sa tribu n'existe plus... Des civilisations extraterrestres utilisent peut-être des techniques de communication totalement inconnues de nous. Des ondes radio de fréquences différentes de celles que nous employons pour la télémétrie. Peut-être même communiquent-elles au moyen de particules dont nous ne connaissons même pas l'existence. Qui sait ?

— *Revenons à ces ondes électromagnétiques qui pourraient nous signaler la présence d'autres civilisations. Comment se différencient-elles des ondes sonores ?*

H. R. — Ces ondes se propagent dans le vide, contrairement au son, qui ne se propage que dans l'air. C'est pourquoi nous voyons le Soleil, mais n'entendons pas le bruit gigantesque qu'il émet. Comme l'onde aquatique provoquée par le caillou tombé dans l'eau, le son a besoin d'un milieu pour se propager. Il suffit de très peu de matière pour absorber la lumière. Ma main devant la lampe me la cache... C'est donc parce que l'Univers est quasiment vide — transparent — que la lumière peut nous arriver des galaxies les plus lointaines. Eclairez le ciel avec une lampe de poche ; le train d'ondes que vous émettez va se propager indéfiniment. Si vous avez éclairé dans la bonne direction, dans deux millions d'années, il parviendra à la galaxie d'Andromède.

— *Si une onde lumineuse nous arrivait aujourd'hui d'une civilisation extragalactique, les expéditeurs du message auraient sans doute disparu depuis des millions d'années.*

H. R. — Cela dépend de la distance à laquelle elle se trouve. A ce sujet, voici une histoire racontée par l'écrivain italien Italo Calvino. Un homme observe la galaxie d'Andromède avec ses jumelles. Il aperçoit au-dessus de la galaxie un grand panneau où sont inscrits les mots : ON VOUS A VUS ! En proie à la stupéfaction et à l'angoisse, il se sent visé. « Mais qu'est-ce qu'ils ont donc vu ? » Il cherche dans sa mémoire. De quels actes innommables se serait-il rendu coupable, que ces gens auraient observés de là-haut ? Torturé d'inquiétudes et de remords, il passe une nuit horrible. Mais, au matin, une lueur jaillit dans sa tête. Andromède est à deux millions d'années-lumière. Ce n'est donc pas lui qu'ils ont vu, mais quelqu'un qui vivait il y a deux millions d'années. Rassuré, il dresse un grand panneau sur lequel il répond : ET ALORS ?

LES VOYAGEURS DU COSMOS

— *Passons maintenant à la question du voyage dans l'espace, que nous avons abordée plus longuement avec Nicolas Prantzos. Selon vous, pourrons-nous un jour voyager dans l'espace ?*

H. R. — A plus ou moins long terme, oui, je crois que nous irons partout. On utilisera des techniques dont nous n'avons pas la moindre idée aujourd'hui. A observer le progrès fantastique de la science et de la technologie depuis deux siècles, on peut s'attendre encore à des développements inouïs ! Affirmer que les voyages interstellaires et intergalactiques n'auront jamais lieu me paraîtrait injustifié et, au total, téméraire. Nous sommes déjà allés sur la Lune, et d'ici à quelques décennies nous espérons nous rendre sur Mars.

Le problème, c'est la vitesse. Avec les techniques contemporaines, le seul voyage aller prendrait plus d'un an. Quand les astronautes reviennent de missions prolongées, leur système osseux et musculaire montre des signes inquiétants de détérioration. Il faudrait passer à des vitesses bien supérieures pour raccourcir le trajet. Si, un jour, nous atteignons le dixième de la vitesse de la lumière, nous irons sur la Lune en dix secondes, et sur Mars en quelques heures. Mais il nous faudra encore quarante ans pour aller sur l'étoile la plus proche !

La théorie de la relativité d'Einstein nous indique plusieurs voies pour diminuer encore considérablement la durée des voyages. Il y a d'abord la dilatation du temps, qui se produit quand on approche la vitesse de la lumière. On pourrait aller sur la galaxie d'Andromède en quelques minutes. Mais à condition d'abandonner tout espoir de retrouver les siens au retour ; pendant le trajet aller-retour, quatre millions d'années se seraient écoulées sur la Terre !

On pourrait aussi utiliser les « tunnels » de l'espace-temps. Où aboutissent-ils ? Nous n'en savons rien. Peut-être à l'autre bout de l'Univers ; peut-être dans un autre univers complètement découplé du nôtre. De vastes territoires s'ouvriront aux aventuriers du futur quand les technologies de vol seront au point. Un article publié récemment dans la revue *Scientific American* affirme cependant que le coût de tels projets serait totalement prohibitif...

Quoi qu'il en soit, une ombre plane sur tout ces beaux projets. Elle prend la forme du fameux paradoxe de Fermi, qui a été évoqué à de nombreuses reprises dans ce livre : « Où sont-ils ? Je ne les vois pas ! » disait-il à propos des extraterrestres. Autrement dit : des civilisations technologiquement beaucoup plus avancées que la nôtre auraient déjà eu tout le temps de débarquer chez nous. Leur absence est de mauvais augure...

On a donné mille raisons pour expliquer l'absence de visiteurs extraterrestres. Mais sont-elles vraiment convaincantes ? Reprenons-en quelques-unes.

D'abord l'idée implicite de Fermi est celle-ci (qu'il faut toujours replacer dans le contexte de la guerre froide et de la « terreur nucléaire ») : les civilisations qui atteignent un niveau technologique suffisant pour se lancer dans l'aventure spatiale finissent toujours par être victimes de la capacité d'autodestruction que recèle leur propre puissance — soit par la guerre nucléaire, soit par la pollution généralisée de leur habitat. Pourtant, il est difficile d'imaginer qu'aucune civilisation n'ait échappé à ce sort funeste. Même si une fraction infime d'entre elles a réussi à contrôler sa propre puissance, étant donné le nombre vraisemblablement astronomique de planètes habitées, cela représente quand même une quantité impressionnante de voyageurs interstellaires potentiels. Personnellement, j'espère que nous en ferons partie. Que nous utiliserons notre technologie pour explorer l'Univers, plutôt que pour nous exterminer de la surface de notre planète.

Seconde possibilité : l'absence de motivation pour de telles entreprises dans les civilisations extérieures. Sur notre planète, les injonctions du Bouddha — « Occupez-vous de choses sérieuses, comme de sortir du malheur dans lequel vous êtes plongés » — illustrent parfaitement cette attitude. Mais peut-on imaginer que toutes les civilisations extérieures qui en ont développé les moyens renonceraient à l'ambition spatiale ?

— *Le coût des expéditions galactiques ne constitue-t-il pas aussi un obstacle ?*

H. R. — Nicolas Prantzos nous a en effet parlé des sommes faramineuses qu'il faudrait y consacrer. La course aux exploits scientifiques coûteux s'est beaucoup essoufflée depuis les années 1960. On a vu récemment les Etats-Unis renoncer à la construction d'un grand accélérateur à cause de son prix prohibitif. On peut imaginer que des projets dont le coût s'élèverait à une fraction importante du budjet mondial, et dont les résultats se feraient attendre pendant des siècles, n'auraient pas un grand pouvoir de séduction politique. Il faudrait convaincre des décisionnaires financiers déjà confrontés aux problèmes extraordinairement coûteux que posera de plus en plus l'habitabilité de la planète ? (Combien de milliards pour éliminer les déchets nucléaires de l'ex-URSS ?)

Mais le développement de technologies nouvelles pourrait encore faire des pas de géant et réduire considérablement le coût des voyages interplanétaires. L'histoire des techniques nous en montre de nombreux exemples. L'avenir est ouvert ; la science et la technologie sont des domaines en développement !

Mais à défaut de venir nous visiter, ces mondes pourraient nous envoyer des messages. Pourquoi nos radiotélescopes ne sont-ils pas sursaturés d'ondes en provenance de l'espace ?

La réponse comme nous l'a expliqué Jean Heidmann vient peut-être du fait que nous n'avons pas encore identifié les bons canaux de communication. D'où l'importance capitale qu'il y a à poursuivre ces programmes. Il convient, je crois, de remercier ceux qui sont prêts à y investir du temps et des efforts et d'admirer leur patience et leur persévérance.

— *La question qui nous a guidés tout au long de cette enquête,* Sommes-nous seuls dans l'Univers ?, *paraît se poser autrement depuis quelques années, avec les récentes découvertes de l'astrophysique. Une nouvelle ère semble s'annoncer dans laquelle la présence d'êtres vivants sur une autre planète ne relèvera plus de la plausibilité, mais de la probabilité. Finalement — et ce livre en témoigne —, les opinions des scientifiques sont très diverses. Jean Heidmann, comme les astronomes œuvrant aux destinées de SETI dans le monde, pense qu'il existe une vie intelligente quelque part dans les étoiles. Mais il nous disait à ce propos que beaucoup de savants refusent d'examiner l'hypothèse d'une intelligence extraterrestre parce qu'ils trouvent cette idée humiliante. Il est vrai que, depuis quelque temps, l'homme a dû descendre plusieurs fois de son piédestal. Non seulement il « descend » du singe, mais il est peut-être dépassé ailleurs par des êtres plus intelligents ! Il y aurait vraiment de quoi déprimer !*

H. R. — Si telle est la réalité, il faut l'accepter et vivre avec. Je ne vois pas d'autre issue possible.

— *Alfred Vidal-Madjar, malgré la découverte prometteuse de planètes extrasolaires, puise dans l'argument du calendrier cosmique la conviction inverse. Selon Nicolas Prantzos, il est possible que la vie existe ailleurs ; mais il doute fort qu'il en soit de même pour l'intelligence. Il semble qu'au contraire, pour vous, à partir du moment où il y a de la vie, on peut s'attendre que l'intelligence se développe un jour...*

H. R. — Je crois que, dans notre état d'ignorance, il y a de la place pour une grande variété d'opinions. Il faut rappeler encore une fois combien notre imagination est limitée ! Comment aurions-nous pu imaginer qu'il y a des galaxies au-delà des étoiles ? Les richesses de l'Univers nous entourent et nous débordent de toutes parts. Nous pouvons nous attendre à beaucoup de surprises encore...

— *Qu'est-ce que l'intelligence ?*

H. R. — Délicate question... Pour moi, c'est d'abord la faculté de produire des images mentales et de les relier entre elles. En ce sens, elle est déjà présente chez beaucoup d'espèces animales. En voici quelques exemples. Dans une pièce, il y a un singe, une chaise et un long bâton. Une banane est suspendue au plafond. Le singe associe dans sa tête les images de la chaise, de la banane et du bâton. Il monte sur la chaise et attrape la banane à l'aide du bâton. Il a manifesté de l'intelligence.

— *Il s'est représenté la scène à l'avance...*

H. R. — Les abeilles, dont le langage est une danse, peuvent indiquer à leurs congénères non seulement la présence de sucre, mais aussi la direction, la distance et la qualité du butin. Sur un lac sauvage, un grèbe (un grand oiseau aquatique) prend un poisson dans son bec. S'il le tient par la tête ou la queue, c'est pour le manger. Mais s'il le saisit en travers de son bec il s'agit d'une offrande matrimoniale dans un rituel de séduction. Nous sommes déjà dans le symbolique : le même objet est doté de deux significations.

— *L'intelligence, ce serait donc la capacité à donner du sens aux objets ?*

H. R. — En un sens, oui. Mais, pour le sujet de notre réflexion, c'est surtout un avantage adaptatif majeur et, à ce titre, elle est susceptible d'apparaître un peu partout, à un certain niveau de l'évolution. La logistique des êtres vivants est fondée sur la compétition. Dans la nature, les espaces sont limités et les animaux se multiplient. Pour survivre et proliférer, il faut avoir des atouts : une bonne vue, de grandes dents, courir vite, etc. Les êtres humains n'ont pas de carapace, ils ne sont pas spécialement forts, ils ne courent pas très vite. Mais ils savent pêcher et poser des pièges. Grâce à leur intelligence, ils ont pu s'implanter partout, provoquant d'ailleurs bien des problèmes !

— *Le Prix Nobel de médecine, Christian de Duve, dans son livre* Poussière de vie, *émet l'hypothèse selon laquelle l'Univers s'interrogerait sur lui-même à travers les questions des hommes. Peut-on imaginer une population, sur une autre planète, qui aurait une grande intelligence mais serait dépourvue de conscience ?*

H. R. — Sans aller si loin, sur la Terre, nous avons des ordinateurs. Ces machines peuvent faire des choses merveilleuses et elles ont un grand avenir devant elles. Mais personne ne peut dire si, un jour, on parviendra à leur insuffler la conscience.

— *Isaac Asimov a très bien posé ce problème dans ses romans et ses essais sur les robots. Dans* L'Homme bicentenaire, *il montre un robot qui commence à devenir conscient au bout de deux cents ans...*

H. R. — Dans *2001 : l'Odyssée de l'espace,* Hal, le fameux ordinateur, devient névrosé, il commence à avoir des états d'âme, refuse d'ouvrir la porte... En informatique, les progrès sont fulgurants. On peut supposer qu'un jour les ordinateurs nous dépasseront largement en intelligence et en efficacité. Mais rien ne permet aujourd'hui de supposer que les machines auront un jour des états d'âme. Aussi intelligents soient-ils, les ordinateurs auront-ils jamais conscience de leur propre mortalité ? Sauront-ils qu'on peut les débrancher ? Et, d'ailleurs, est-il nécessaire d'être conscient pour réussir à survivre ? L'intelligence ne suffit-elle pas ? Alors, à quoi sert la conscience sur le plan adaptatif ?

— *Nous savons qu'il existe un certain niveau de conscience chez les animaux, comme tendent à le prouver les recherches les plus récentes. Un chat est beaucoup moins intelligent qu'un ordinateur, mais infiniment plus conscient !*

H. R. — Regardez votre chat dans les yeux, vous sentez qu'il perçoit votre présence... Barbouillez de rouge le nez d'un chimpanzé et placez-le devant un miroir : il porte la main à son nez. Il sait que c'est lui, que cette image est lui. Il connaît sa propre existence. Etre conscient, c'est d'abord avoir conscience de soi.

— *Nous voilà amenés à une question encore plus difficile. Le mot « conscience » a deux sens. Il y a la conscience de soi — j'existe —, dont nous venons de parler, et la conscience morale — l'éthique. Que pouvons-nous en dire dans le cadre du thème discuté ici ? Pouvons-nous retracer son origine dans l'évolution ?*

H. R. — Dans le domaine que nous pourrions appeler celui de la moralité (ou plutôt de l'immoralité !), nous n'avons pas inventé grand-chose, même pas la cruauté et l'hypocrisie ! Jane Goodall, une scientifique qui a vécu de nombreuses années avec une colonie de chimpanzés, a observé des scènes de rapt d'enfants. Deux femelles s'approchent d'une mère avec son petit. La première attire l'attention de la mère, pendant ce temps, sa complice vole le petit. Elles vont le dévorer un peu plus loin.

— Elles le mangent vivant ?

H. R. — Le monde animal n'est pas l'innocent paradis terrestre de la Bible. Ce point est largement développé par Théodore Monod dans son livre d'entretiens *Révérence à la Vie.* Encore une fois, les humains n'ont rien inventé. Ils ont développé des tendances déjà présentes dans le monde animal.

— Théodore Monod parle des écureuils qui grimpent à la cime des arbres et décapitent des oisillons qu'ils ne mangent même pas... Selon lui, la nature est cruelle, et l'homme est donc naturellement cruel. Il n'était pas du tout programmé dans l'évolution qu'un jour une créature se soucie de l'autre ; ce serait une invention humaine.

H. R. — Dans une nichée de quatre oisillons, si deux sont en mauvaise santé, la mère cesse de les nourrir. Cela va dans le sens de l'évolution darwinienne. Chez les êtres humains, au contraire (en principe, du moins, mais, pas toujours !) il est vrai qu'on aide ceux qui sont faibles. Mais, là aussi, on peut se demander s'il s'agit vraiment d'une invention humaine, s'il n'y a pas déjà chez certains animaux des rudiments de compassion pure, sans « justification évolutionniste ».

— *Dans un documentaire animalier qui a bouleversé tous ceux qui l'ont regardé, on voit une antilope blessée à la gorge par un crocodile. Un hippopotame qui passait par là met le crocodile en fuite et, ensuite, ouvre sa gueule pour en faire un abri. L'antilope pose la tête dedans et ils restent longtemps comme ça, au bord du fleuve, l'antilope mourante protégée par l'hippopotame... C'est très émouvant... On sent que l'hippopotame veut éviter la souffrance à cette malheureuse antilope blessée.*

UN PROJET DANS LA NATURE ?

— *Revenons à notre question de départ : comment est-on passé de la matière inerte à la matière vivante, puis à la matière pensante ? Croyez-vous que la nature avait une sorte de projet, ou de programme, visant à créer le cerveau humain et la conscience ?*

H. R. — Cela, c'est la grande question. Je ne sais pas si l'on peut y répondre.

— *Mais quel est votre sentiment personnel ?*

H. R. — Je me demande quelquefois : toute cette belle histoire pourrait-elle être l'effet de ce qu'il est convenu d'appeler le pur hasard — quel que soit, d'ailleurs, le sens que l'on puisse donner à une telle expression ? C'est surtout quand j'écoute des musiques sublimes, Bach, Mozart ou Schubert, que la question se repose à moi d'une façon lancinante. J'ai tendance à répondre par la négative. La démesure me paraît trop grande entre la cause — qui n'en serait même pas une ! — et l'effet !

Mais il ne s'agit, bien sûr, que d'une opinion personnelle. Mais alors ? Si ce n'est pas le pur hasard, c'est quoi ?

Je ne crois pas qu'il s'agisse d'une programmation au sens ordinaire du terme, comme en informatique. Cela me paraît tout aussi naïf ! En employant un langage analogique et sans doute également naïf — mais comment sortir de la naïveté ? —, je dirai que la nature me semble comme possédée par une pulsion qui la pousse toujours à créer des structures nouvelles, plus organisées, plus complexes, plus performantes.

La croissance de la complexité a rencontré beaucoup d'obstacles. Mais elle trouve toujours le moyen de faire sauter les verrous. Elle profite aussi bien du hasard que de la nécessité, pour employer les mots de Démocrite. L'évolution darwinienne en est une belle illustration. Elle prend tous les chemins possibles pour arriver à son but... C'est ma vision personnelle de cette réalité étonnante à laquelle nous devons notre existence.

J'aime comparer le comportement de la nature à celui de la lave en fusion qui monte au travers des strates pierreuses. Mue par la pression, la pierre liquide cherche des voies vers le haut. Elle se glisse entre les strates et profite de chaque faille, de chaque interstice. Elle peut rester longtemps à un certain niveau, mais, tôt ou tard, elle trouve une issue et reprend son irrésistible ascension.

— *Vous avez d'ailleurs cité Aristote à ce sujet, à propos de la nature qui « informe » la matière.*

H. R. — On peut effectivement voir dans l'évolution de la nature une sorte de progression irrésistible de la complexité, quels que soient les obstacles rencontrés. Bien sûr, Stephen Jay Gould a raison de le dire, si une météorite n'était pas tombée sur la Terre, il y a soixante-cinq millions d'années, les dinosaures régneraient peut-être toujours sur notre planète. L'évolution rapide des mammifères n'aurait pas eu lieu et nous ne serions peut-être pas là. Mais une autre énorme météorite aurait pu provoquer le même résultat. Il en tombe une en moyenne tous les cent millions d'années. Nous n'en sommes pas à quelques millions d'années près...

Mais l'important, pour notre discussion, c'est de constater que les petits mammifères d'avant l'hécatombe dinosaurienne — nos ancêtres —, avaient toutes les aptitudes requises pour devenir des grands mammifères, des primates puis des hommes intelligents et conscients. La preuve, c'est qu'ils l'ont fait quand les conditions sont devenues favorables. Cela aussi est un fait incontournable qu'il ne faut pas perdre de vue.

— *Mais quel pourrait être le but de cette croissance de la complexité ?*

H. R. — J'aimerais bien le savoir ! A condition de mettre des guillemets pratiquement à chaque mot, je suis parfois tenté de dire ceci : « Si l'Univers avait eu envie de prendre conscience de lui-même, il aurait fait exactement ce qu'il a fait... »

— *Pour Christian de Duve, ce serait en quelque sorte pour se faire connaître que l'Univers a créé toutes ces formes...*

H. R. — Les énoncés allégoriques peuvent quelquefois se révéler éclairants. Quoi qu'il en soit, il reste un fait indiscutable : l'association des particules élémentaires a fini, après plusieurs milliards d'années d'évolution, par engendrer la conscience.

— *Comment un phénomène mécanique peut-il créer de la pensée ?*

H. R. — Je crois que vous vous piégez en utilisant ici le terme « mécanique ». Que veut-il dire quand nous l'associons aux réactions entre les particules ?

— *Vous voulez dire que les particules sont peut-être ravies de faire connaissance ?*

H. R. — Non, ce n'est pas cela. Je veux simplement rappeler que le langage utilisé peut lui-même être la source de difficultés. Si vous supposez que les réactions entre particules sont correctement décrites par l'emploi du mot « mécanique », dans l'acception usuelle de ce mot, alors, évidemment, l'émergence de la conscience semble un phénomène démesuré... Les problèmes sont souvent créés par l'emploi de mots inappropriés. Un exemple classique : le conflit entre matérialistes et spiritualistes. Mais qu'est ce que la matière ? Et qu'est-ce que l'esprit ? Mots vagues et mal définis, lieux de toutes les confusions...

LE LEVAIN COSMIQUE

— *Revenons à ce que vous appelez, dans* Oiseaux, merveilleux oiseaux, *le « levain cosmique », cette poussée vers la complexité que vous observez sur Terre. Peut-on transposer son action sur un plan galactique, extraterrestre ? Avez-vous le sentiment que cette poussée serait à l'œuvre partout dans l'Univers ?*

H. R. — C'est vraisemblable. Si on l'admet pour la Terre, on est amené à étendre l'hypothèse à l'Univers entier, qui est composé des mêmes particules et obéit aux mêmes lois, prégnantes des mêmes formes...

— *Ainsi, selon vous, à supposer que l'évolution se produise ailleurs, elle aurait toutes les chances d'aller dans la même direction ?*

— Disons plutôt dans des directions analogues. Partout, nous voyons les nappes de matière interstellaire se fragmenter pour donner naissance à des étoiles plus ou moins semblables. Dans chacune de ces étoiles, des particules s'associent pour fabriquer successivement les mêmes atomes. Ce mouvement semble universel. Il n'est pas déraisonnable de supposer qu'il se poursuit d'une façon analogue aux niveaux supérieurs de la complexité, là où nous rencontrons les plantes et les animaux.

Sur d'autres planètes, les organismes doués d'intelligence ne sont peut-être pas les hommes mais une autre espèce, par exemple les dauphins. Peut-être que dans leurs parcs d'attractions, ils font virevolter devant leurs enfants enthousiastes des hommes savants et acrobates. On peut tout imaginer !

Humains ou dauphins, quelle que soit la forme que prennent les organismes doués d'intelligence et de conscience — s'ils existent ! —, il est à parier que, comme nous, d'un bout à l'autre de la Voie lactée, ainsi que sur les galaxies les plus lointaines, ils s'interrogent sur la pluralité des mondes habités...

Tout au long de ce livre, mes collègues et moi, avons développé deux argumentations bien étayées, qui pourtant semblent nous amener à des conclusions diamétralement opposées au sujet de cette pluralité des mondes habités...

D'une part, un ensemble impressionnant d'observations et d'arguments donnent à penser que la vie est vraisemblablement un phénomène universel et que le ciel foisonne de planètes habitables et habitées.

D'autre part, l'absence de contacts avec des extraterrestres fonde le pessimisme évoqué par Alfred Vidal-Madjar. Pour paraphraser Albert Camus (dans un tout autre contexte), on pourrait parler du « silence déraisonnable du ciel ». Ou, avec Blaise Pascal, du « silence des espaces infinis ».

Ces argumentations et conclusions contradictoires posent les limites des réponses que nous pouvons donner aujourd'hui à la question qui nous a rassemblés.

« Sommes nous seuls dans l'Univers ? »

Annexes

LE CALENDRIER COSMIQUE

Toute l'évolution de l'Univers, soit environ quinze milliards d'années entre le big-bang et notre époque, est représentée sur le calendrier d'une année. Que se passera-t-il, ensuite, au cours de l'an II du calendrier cosmique, qui commence aujourd'hui ?

An I du calendrier cosmique		
1er janvier, 0 h 0 min 0 s	Big-bang	– 15 milliards d'années
janvier	Premières galaxies	– 13 milliards d'années
mai	Formation de la Voie lactée	– 11 milliards d'années
13 septembre	Formation du Système solaire	– 4,5 milliards d'années
30 septembre	Sur la Terre, premiers organismes unicellulaires	– 3,8 milliards d'années
7 décembre	Formation de l'atmosphère terrestre d'oxygène	– 1 milliard d'années
17 décembre	Premiers vertébrés, premiers poissons	– 570 millions d'années
26 décembre	Début du règne des dinosaures	220 millions d'années
28 décembre	Premières fleurs	– 150 millions d'années
31 décembre, 22 h 15 min	Apparition des premiers bipèdes (Lucy)	– 3 millions d'années
31 décembre, 23 h 40 min	Age de la pierre	– 0,5 million d'années
31 décembre, 23 h 59 min 50 s	Sumer, pyramides d'Egypte	– 5000 ans
31 décembre, 23 h 59 min 56 s	Jésus	– 2000 ans
31 décembre, 23 h 59 min 59,935 s	Armstrong marche sur la Lune (1969)	–31 ans
31 décembre, 24 heures	Année 2000	

An II du calendrier cosmique		
1er janvier, 0 h 0 min 01 s	L'humanité s'installe dans l'ensemble du Système solaire	+ 500 ans
2 janvier	L'humanité a rendu visite à tous les systèmes planétaires de la Galaxie	+ 50 millions d'années
1er avril	Le Soleil devient une géante rouge La Terre disparaît Fin du Système solaire	+ 5 milliards d'années

GLOSSAIRE

Accélérateur de particules. Instrument de laboratoire capable d'imprimer à des particules des vitesses considérables, comparables à celle de la lumière. Les plus puissants accélérateurs de particules se trouvent à Genève, à Chicago et à San Francisco.

Acides aminés. Briques élémentaires de la matière vivante, entrant dans la composition des protéines. Il en existe vingt variétés différentes dans l'ensemble des êtres vivants sur la Terre.

ADN. Molécule géante composée de deux longues chaînes de molécules plus petites, comprenant notamment des bases nucléiques. La façon dont ces dernières sont arrangées en séquence spécifie les instructions nécéssaires à la fabrication des protéines. Les molécules d'ADN sont stockées dans le noyau de chaque cellule, dont elles forment le génome.

Algue bleue. Variété de bactérie capable de photosynthèse. Ce sont ces micro-organismes qui ont graduellement transformé l'atmosphère de la Terre, il y a deux milliards d'années, qui est ainsi devenue riche en oxygène.

Alpha du Centaure. Etoile principale d'un système d'étoiles triples dont la plus petite, Proxima, est l'astre le plus proche du Soleil.

Année-lumière. Chemin parcouru par la lumière en un an. Une année-lumière mesure dix mille milliards de kilomètres.

Antimatière. Forme de la matière constituée d'antiparticules. En cas de contact, la matière et l'antimatière s'annihilent et se transforment en énergie.

Apollo. Programme américain de la Nasa de vols habités sur la Lune.

Arecibo. Le plus grand radiotélescope du monde — trois cents mètres de diamètre — qui se trouve à Porto-Rico.

Astéroïde. Petite astre au diamètre variant de moins d'un kilomètre à quelques centaines de kilomètres. Dans notre Système solaire, on trouve une ceinture d'astéroïdes (plusieurs milliers) entre Mars et Jupiter.

Atmosphère. Enveloppe gazeuse d'un astre. Il y a des atmosphères planétaires et des atmosphères stellaires.

Atome. Brique élémentaire de la matière. Il existe une centaine d'atomes différents connus, que l'on retrouve partout dans l'Univers.

Bactérie. Etres vivants unicellulaires minuscules (quelques millièmes de millimètre), et donc seulement visibles au microscope. Leur ADN, porteur de leur programme génétique, n'est pas inclus dans un noyau.

Barnard (étoile de). Une des étoiles les plus proches du Soleil, autour de laquelle on a longtemps cru qu'il existait un système planétaire.

Bases nucléiques. Molécules qui constituent les éléments du code génétique, comme les lettres sont les éléments des mots. Il y en a quatre, appelées A, C, G, T. Leurs séquences, configurées en une double hélice, forment l'ADN.

Bêta Pictoris. Deuxième étoile par la brillance dans la constellation de l'Atelier du peintre, qui se trouve dans l'hémisphère Sud. Première étoile autour de laquelle une image d'un disque de poussière a été observée en 1984.

Big-bang. Théorie cosmologique reconnue par la quasi-totalité des astrophysiciens d'aujourd'hui.

Selon ce modèle, l'Univers, à l'origine, était très chaud, très dense et très lumineux. Selon la théorie du big-bang, l'Univers n'est pas statique. Il est en évolution. Il est actuellement en expansion et se refroidit continûment. Son âge est d'environ quinze milliards d'années. Nul ne sait ce qu'« il y avait » avant.

Biologie moléculaire. Science qui étudie la vie au niveau de ses molécules constitutives. Elle s'occupe en particulier des interactions entre le programme génétique et le processus de fabrication des protéines.

Calendrier cosmique. Voir pages 124-127 et 263.

Carbone. Atome très particulier, permettant beaucoup de liaisons chimiques. La chimie du carbone est très riche et englobe ce qu'on appelle la chimie organique.

Callisto. Un des quatre plus gros satellites de Jupiter.

Cellule. Unité fondamentale des êtres vivants, dotée des caractéristiques essentielles de la vie : autonomie et reproduction.

Comètes. Petits corps du Système solaire, semblables aux astéroïdes mais formés de glace et de poussière. A l'approche du Soleil, elles s'évaporent et développent une immense chevelure que l'on voit facilement à l'œil nu.

Complexité. Un être complexe est composé d'éléments multiples en interaction les uns avec les autres, et qui lui permettent un comportement global et unifié. Les atomes, les molécules, les cellules vivantes, les organismes sont des êtres complexes à des niveaux de plus en plus élevés de complexité.

Coronographie. Méthode d'observation des astres brillants qui consiste à les placer derrière un cache dans le télescope, afin d'être en mesure de détecter d'éventuelles émissions lumineuses à leur pourtour.

Couleur. Domaine de lumière particulier. Le rouge correspond à des longueurs d'onde lumineuses plus longues que le violet. Dans l'ordre des longueurs d'onde croissantes, nous avons : violet, indigo, bleu, vert, jaune, orange, rouge.

Deutérium. Isotope lourd de l'hydrogène qui a un proton et un neutron dans son noyau.

Doppler (effet). Effet lié à la vitesse de déplacement relative entre la source et l'observateur. La lumière d'un astre qui s'éloigne se décale vers les grandes longueurs d'onde. On parle de décalage vers le rouge car l'œil perçoit dans cette couleur les grandes longueurs d'onde.

Double hélice. Structure de la molécule d'ADN (les deux chaînes, dont celle-ci est composée, sont enroulées l'une autour de l'autre). Voir **ADN.**

Electron. Particule élémentaire chargée d'électricité négative. Dans les atomes, les électrons entourent les noyaux chargés positivement et les rendent neutres.

Energie nucléaire. Energie produite lors des réactions nucléaires : réactions de fusion entre noyaux légers, comme ceux de l'hydrogène, ou de fission des noyaux très lourds, comme ceux de l'uranium.

Etoile. Astre qui brille par lui-même grâce à l'énergie nucléaire libérée en son sein. Au-dessous d'une certaine masse, environ un dixième de la masse du Soleil, un astre ne peut plus briller : on entre dans le domaine des astres obscurs, les naines brunes.

Etoile HD 209 458. Etoile autour de laquelle une planète a été détectée en 1999 à la fois de façon indirecte et directe. Directe, c'est-à-dire par miniéclipse de la planète passant devant le disque de l'étoile.

Eucaryotes, procaryotes. Termes employés dans la classification générale des êtres vivants. Les eucaryotes sont les microbes, les végétaux et les animaux dont les cellules sont dotées d'un noyau contenant leur patrimoine génétique, à la différence des procayotes qui n'ont pas de noyau. Dans ce dernier groupe, formé essentiellement des bactéries, on distingue les archéobactéries et les eubactéries. L'homme est un eucaryote.

Europe. Un des quatre plus gros satellites de Jupiter. Europe est enveloppé d'un océan d'eau couvert de glace.

Exobiologie. Science cherchant à comprendre les processus chimiques susceptibles de conduire à l'apparition de la vie dans l'Univers, sur d'autres astres que la Terre.

Extrémophile. Cellule vivante (bactérie) qui prolifère dans des conditions extrêmes de température, de salinité, de ph (acide, basal), de sécheresse, de radioactivité, etc.

FOCAL. Projet de mission spatiale présenté en 1993 à l'ESA (Agence spatiale européenne), destinée à placer un détecteur aux foyers gravitationnels du Soleil afin d'obtenir des images extraordinairement détaillées ; le télescope ainsi obtenu aurait un objectif de 1,5 million de kilomètres de diamètre et permettrait de voir des continents et des mers sur des planètes extrasolaires.

Force électromagnétique. Son comportement a été élucidé par James Clerk Maxwell (en 1873). C'est elle qui régit les structures atomiques et moléculaires et qui rend compte du comportement de la lumière ainsi que de l'ensemble des ondes électromagnétiques.

Force de gravité. Force d'attraction que tous les constituants de la matière (masse, énergie, etc.) exercent les uns sur les autres. C'est elle qui tient la Lune en orbite autour de la Terre, la Terre en orbite autour du Soleil, et le Soleil en orbite autour du noyau de notre Galaxie.

Force faible. Découverte (indirectement) par Wolfgang Pauli (1900-1958), son existence a été confirmée par la détection des neutrinos. C'est elle qui est responsable des désintégrations radioactives. Elle est directement impliquée dans la fusion de l'hydrogène en hélium au centre du Soleil. Elle gouverne complètement le comportement des neutrinos, et partiellement celui des quarks et des électrons.

Force nucléaire. Découverte par Becquerel en

1899, son comportement a été élucidé par un ensemble de physiciens (Enrico Fermi, Hans Bethe, Murray Gell-Mann). C'est elle qui soude les quarks ensemble dans les nucléons (protons et neutrons), et les nucléons ensemble à l'intérieur des noyaux.

Galaxie. Ensemble de plusieurs centaines de milliards d'étoiles liées gravitationnellement. Notre Galaxie se voit à l'œil nu : c'est la Voie lactée.

Ganymède. Un des quatre plus gros satellites de Jupiter.

Gaz carbonique. Molécule comportant un atome de carbone et deux atomes d'oxygène.

Géante rouge. Dernier stade de l'évolution d'une étoile de masse solaire. Elle gonfle pour atteindre des dimensions comparables à celles d'un système planétaire tout entier. Le Soleil deviendra une géante rouge dans environ cinq milliards d'années.

Génome. Ensemble des gènes formé de molécules d'ADN et stocké dans le noyau des cellules.

Gliese 876. Etoile de très petite masse (un tiers du Soleil) autour de laquelle une planète a été découverte, ce qui indique que le nombre de planètes dans la Galaxie doit être considérable.

Hélium-3. L'un des deux isotopes stables de l'élément hélium, isotope clé dans tous les projets actuels de fusion thermonucléaire contrôlée. Il n'existe pas sur Terre, mais il est abondant à la surface de la Lune, et surtout dans l'atmosphère des planètes géantes.

Hubble (télescope spatial). Observatoire de deux mètres de diamètre, placé en orbite, qui a donné nombre d'images saisissantes de l'Univers.

Hydrogène. Atome le plus abondant et le plus élémentaire de la nature. Il est formé d'un simple proton entouré d'un seul électron.

Ion. Atome qui, ayant perdu ou acquis un ou plusieurs électrons, devient électriquement chargé.

Isotopes. Atomes dont les noyaux ne diffèrent que par le nombre de neutrons. Des isotopes ont donc le même nombre d'électrons périphériques et les mêmes propriétés chimiques, mais des masses légèrement différentes.

Kuiper (ceinture de). Ceinture de comètes et d'astéroïdes qui, dans le Système solaire, gravitent au-delà de l'orbite de Neptune. On estime leur nombre à deux cents millions. Ils constituent avec le nuage de Oort le réservoir de comètes du Système solaire.

Laser. De l'anglais *Light Amplification by Stimulated Emission of Radiation* (amplification de la lumière par émission stimulée de rayonnement). Les photons présents dans cette lumière ont exactement les mêmes propriétés (phase, énergie, longueur d'onde, etc.), contrairement à ceux de la lumière ordinaire. Les faisceaux de lumière laser sont très intenses et divergent très peu en fonction de la distance.

Lentille solaire. La masse du globe solaire, en courbant l'espace, agit comme une lentille de 1,5 million de kilomètres de diamètre pour les rayons qui passent près de lui ; ces rayons convergent à vingt fois la distance entre Neptune et Pluton. C'est à ces distances de cent milliards de kilomètres que l'on imagine envoyer un jour un détecteur servant d'oculaire pour constituer un télescope de dimensions proprement astronomiques.

Lucy. Squelette d'Australopithèque (singe du Sud) femelle fossile, presque complet, découvert dans les territoires Afar en Afrique et baptisé Lucy. Il date d'environ trois millions d'années. Les Australopithèques sont les premiers hominidés bipèdes (station debout).

Magnétosphère. Cavité fictive entourant un objet céleste doté d'un champ magnétique. A l'intérieur de cette cavité, les mouvements de toutes les particules électriquement chargées sont dominés par le champ magnétique de l'objet.

Masse sombre. Les observations astronomiques montrent que les astres détectables par leurs émissions lumineuses ou radio ne correspondent qu'à environ 1 % de la densité totale du cosmos. Le reste, appelé masse sombre, ne se manifeste que par son champ de gravité. Cette masse sombre possède elle-même deux composantes. La première est constituée de matière ordinaire (de protons, de neutrons et d'électrons). La seconde, qui représente environ 90 % de l'ensemble, est de nature encore totalement inconnue. Pour éviter toute confusion, ajoutons qu'il ne s'agit ni d'antimatière ni, selon toute vraisemblance, de trous noirs.

Mendeleïev, Dmitri, Ivanovitch (1834-1907). Chimiste russe, auteur du fameux tableau de Mendeleïev dans lequel tous les éléments chimiques sont classés selon leurs propriétés périodiques respectives. Des cases encore vides de ce tableau ont servi et servent encore (pour les éléments radioactifs de grande masse) à détecter des éléments nouveaux répondant aux propriétés correspondantes.

Météorite. Objet céleste ayant pénétré l'atmosphère terrestre et étant arrivé au sol.

Molécule. Combinaison de deux ou plusieurs atomes, appartenant à un ou à plusieurs éléments chimiques.

Naine blanche. Etoile morte ayant épuisé ses réserves d'énergie nucléaire et dégageant lentement la chaleur qu'elle a accumulée dans le passé. Leur très faible luminosité continue à décroître lentement pendant des milliards d'années. Dans six milliards d'années, notre Soleil deviendra une naine blanche.

Nançay (grand radiotélescope de). Inauguré en 1965 par le général de Gaulle en Sologne. Deuxième radiotélescope du monde par sa taille, il est constitué d'un panneau-plan de 40 mètres sur 200, orientable autour d'un axe horizontal, qui envoie les ondes radio vers un réflecteur sphérique situé en face de 35 mètres sur 300, qui les concentre pour former des images.

Nanotechnologie. Technologie de fabrication utilisant des structures à l'échelle du nanomètre : fils, tubes, plaques, boules, roues... constitués d'assemblages d'atomes disposés individuellement selon des plans préétablis. Elle représente l'avenir des machineries à l'échelle du milliardième de mètre.

Neutrino. Particule élémentaire qui n'est sensible ni à la force électromagnétique ni à la force nucléaire. Elle obéit à la force faible et, comme tous les corps, à la force de gravité. Il existe trois variétés de neutrinos (électronique, muonique, tauique). L'un d'entre eux (vraisemblablement le neutrino tauique) possède une faible masse (moins d'un millionième de la masse de l'électron). Les deux autres ont des masses plus faibles encore.

Nuage interstellaire. Nuage de gaz diffus (composé essentiellement d'hydrogène), rassemblé sous l'effet de sa propre gravité dans l'espace interstellaire. Sa masse peut atteindre plusieurs millions de fois celle du Soleil.

Orbite circumterrestre (circummartienne). Trajectoire d'un objet autour de la Terre (ou de Mars).

Oort (nuage de). Région située aux confins du Système solaire, où se trouve un immense réservoir de comètes. Il occupe un volume important dont la limite se situe à environ une année-lumière de nous.

Oxygène. Elément chimique très important. Sous forme moléculaire (deux atomes), il est essentiel pour les formes de vie terrestres. Sa combustion fournit une énergie considérable.

Ozone. Forme moléculaire particulière de l'oxygène, formée de trois atomes. L'ozone constitue la protection principale contre les ultraviolets dans la haute atmosphère.

51 Pégase. Etoile de type solaire autour de laquelle la première planète extrasolaire a été détectée de façon indirecte en 1995.

Permafrost. Couches de glaces souterraines permanentes, situées dans certaines régions polaires. On soupçonne leur présence, enfouie sous le sable, sur la planète Mars.

Photons. Grains de lumière qui transportent l'énergie lumineuse de façon discontinue. Les photons ont une masse nulle et ne sont sensibles qu'à la force de gravité. Bien qu'ils transportent l'énergie électromagnétique, ils ne sont pas affectés par la force électromagnétique.

Photosynthèse. Mécanisme permettant, à partir de l'énergie lumineuse, de transformer le gaz carbonique en oxygène.

Planète. Corps obscur qui, contrairement aux étoiles, ne rayonne pas par lui-même. On trouve les planètes en orbite autour des étoiles. Leur masse ne dépasse pas dix fois la masse de Jupiter, soit moins d'un centième de la masse du Soleil.

Planck (temps de). Ce terme désigne une période dans les tout premiers temps de l'Univers, où la température dépassait 10^{32} degrés Kelvin. Sa durée est d'environ 10^{-43} seconde.

Prébiotique. On appelle évolution prébiotique l'ensemble des processus physico-chimiques par lesquels les atomes de la Terre primitive se sont associés et combinés pour donner naissance aux premiers organismes vivants. Cette phase évolutive occupe la période de quelques centaines de millions d'années entre la naissance de la Terre, il y a 4,5 milliards d'années, et l'apparition des premières cellules, il y a 3,5 ou 3,8 milliards d'années.

Procaryotes. Voir **Eucaryotes**.

Protéine. Molécule jouant un rôle fondamental dans les phénomènes vitaux, formée par une chaîne de quelques dizaines à quelques centaines d'acides aminés (appartenant à vingt variétés différentes).

Propergol. Substance susceptible de libérer une grande quantité d'énergie et un fort volume de gaz chauds dans une réaction chimique où n'intervient pas l'oxygène de l'air. Elle est utilisée pour alimenter les moteurs des fusées.

Protons. Particules élémentaires de grande masse et de charge électrique positive. Avec les neutrons, ils forment les noyaux des atomes et l'essentiel de leur masse.

Proxima du Centaure. Etoile la plus proche du Soleil (à près de 4,2 années-lumière).

Pulsar. Restes d'une étoile de grande masse après qu'elle a terminé sa vie par une explosion appelée supernova.

Quark. Particule constituante (trois par trois) des protons et des neutrons. Il existe au total six variétés de quarks de masses différentes. Les quarks sont sensibles aux quatre forces de la nature. Depuis que l'Univers a dépassé l'âge de quarante millionièmes de seconde, ils n'existent plus à l'état libre dans la nature. On ne les trouve que dans les protons et les neutrons.

Quasar. Astre extrêmement brillant, aux confins de l'Univers observable. Selon les théories actuelles, il s'agit d'énormes trous noirs absorbant le gaz environnant, qui s'échauffe et rayonne avant d'être avalé.

Radioactivité. Emission spontanée de particules (électrons, photons, etc.) par un noyau instable, comme l'uranium. En raison de leur grande énergie, ces particules sont, en général, nocives pour les organismes vivants.

Rayonnement fossile. Rayonnement qui a été émis à une période où la température de l'Univers était de trois mille degrés Kelvin (aujourd'hui, elle est de trois degrés Kelvin). Il nous donne une image de l'Univers à l'époque où les premiers atomes d'hydrogène se sont formés, moins d'un million d'années après le big-bang. Ce rayonnement, dont les longueurs sont de quelques millimètres, a été détecté par Arno Penzias et Robert Wilson en 1965. Aujourd'hui, on l'étudie à l'aide du télescope spatial Cobe (*Cosmic Background Explorer*). Il nous renseigne sur les propriétés du cosmos dans ce lointain passé.

Rayons cosmiques. Particules énergétiques (protons, noyaux d'hélium, électrons, etc.) parcourant l'espace à très grande vitesse. Elles sont accélérées à ces grandes vitesses en rencontrant l'environnement des étoiles qui explosent dans notre Galaxie, ou encore la couronne solaire.

Régolithe. Couche superficielle de la surface lunaire. Pulvérisée par le bombardement météoritique, elle prend la forme d'une poussière très fine.

Satellite Corot. Programme du CNES qui a deux objectifs principaux : l'étude des intérieurs stellaires par astéro-sismologie ; la recherche de planètes extrasolaires.

Satellite FUSE (*Far Ultraviolet Spectroscopic Explorer*). Satellite d'observation lancé par la Nasa en juin 1999, auquel participent la France et le Canada. FUSE doit, en particulier, observer le deutérium dans l'Univers.

Satellite IRAS (*Infra-Red Astronomy Satellite*). Satellite d'observation qui a fait la première carte complète du ciel en longueurs d'onde infrarouges.

Satellite OAO-3 (*Orbiting Astronomical Observatory*). Satellite observatoire astronomique rebaptisé Copernicus. L'un des premiers de la série. Un prédécesseur du télescope spatial Hubble et du satellite FUSE.

Satellites OSO (*Orbiting Solar Observatories*). Série de satellites d'observation du Soleil lancés par la Nasa dans les années 1960-1980.

Silicium. Atome assez semblable au carbone par sa place dans la table des éléments. Plus massif, il ne permet pas des réactions chimiques aussi diversifiées que le carbone.

Sirius. Etoile la plus brillante du ciel, à quelques années-lumière du Soleil. Sirius a un compagnon très peu lumineux, une naine blanche.

Soleil. L'étoile la plus proche, le Soleil, est au centre de notre Système planétaire et représente l'essentiel de sa masse.

Sonde Cassini-Huygens. Sonde de la Nasa et de l'ESA lancée en direction de Saturne. Cassini se placera en orbite autour de Saturne alors que Huygens plongera dans l'atmosphère de Titan et se posera à sa surface.

Sondes. Deep Space 1, Galilée, Giotto, Venera, Pathfinder, Pioneer, Viking, Voyager, Ulysse : sondes de la Nasa lancées dans le Système solaire et qui ont survolé ou se sont posées sur la totalité des planètes à l'exception de Pluton. Certaines fonctionnent encore et quelques-unes sont en train de quitter notre système pour plonger dans le milieu interstellaire.

Spin. Caractéristique quantique liée à une propriété de rotation des particules et des atomes.

Spoutnik. Signifie satellite en russe. Premier satellite artificiel de la Terre, mis en orbite par les Soviétiques le 4 octobre 1957.

Supernova. Etoile de grande masse (plusieurs masses solaires) en fin de vie. Au cours d'une explosion gigantesque, l'étoile devient pendant quelques mois aussi brillante que l'ensemble des étoiles d'une galaxie. Après l'explosion, il ne reste qu'une étoile à neutrons ou un trou noir.

Système solaire. On désigne ainsi le système de planètes qui gravitent autour de notre étoile, le Soleil. Les petites, plus proches, sont Mercure, Vénus, la Terre et Mars. Les géantes, plus lointaines, sont Jupiter, Saturne, Uranus et Neptune. Une dernière planète se trouve à la limite du système, petite et ressemblant aux astéroïdes : Pluton.

Terraformage. Modification des conditions climatiques d'une planète, de manière à la rendre habitable par l'homme.

Titan. Le plus gros satellite de Saturne. Il a une atmosphère très particulière, contenant beaucoup d'azote. Il est seul dans ce cas avec la Terre dans l'ensemble du Système solaire.

Traité sur l'espace extérieur. Accord international signé sous l'égide des Nations unies, régissant l'exploration et l'utilisation de l'espace extérieur, incluant la Lune et autres corps célestes. Depuis 1967, les Etats qui le désirent signent ce traité. Son texte est reproduit dans Traité et principes sur l'espace extérieur, réédité par les Nations unies en

1999. Né des activités Apollo, ce traité réglemente aujourd'hui l'activité des satellites commerciaux en orbite autour de la Terre.

Traité sur la Lune. Accord international placé sous l'égide des Nations unies régissant les activités des Etats sur la Lune, entré en vigueur en 1984. Ayant eu peu d'applications pratiques depuis la fin des activités Apollo vers 1970, ce traité revient à l'ordre du jour avec les projets d'exploitation de la Lune à des fins scientifiques (projet du cratère Saha) ou industriels (exploitation de l'hélium-3).

Trou noir. Astre doté d'un champ gravitationnel très intense. A l'intérieur d'un certain rayon appelé l'« horizon », rien, même la lumière, ne peut s'en échapper.

Trou de ver. D'après la théorie de la relativité générale d'Einstein, il serait possible de passer d'un point de l'espace-temps à un autre par des « raccourcis » auxquels on a donné le nom de « trous de ver ». Mais il semble que l'énergie requise pour de tels déplacements soit prohibitivement élevée.

Univers. En science, on appelle Univers l'ensemble de tous les corps (des éléments élémentaires aux amas de galaxies) que l'on peut observer directement ou indirectement. En ce sens, il ne peut y avoir qu'un seul Univers réel. Les cosmologies contemporaines font souvent état d'autres univers en dehors du nôtre, et donc inobservables aujourd'hui. Il s'agit d'intéressantes spéculations qui ne sont pas incompatibles avec les exigences des théories physiques et qui peuvent motiver de nouvelles campagnes de recherches. Mais pour l'heure ils relèvent, au sens propre du terme, de la science-fiction.

Upsilon d'Andromède. Etoile semblable au Soleil autour de laquelle un système de trois planètes géantes a été découvert en 1999.

Véga. L'étoile la plus brillante de la constellation de la Lyre. Proche de nous, elle est entourée de poussières froides réparties en un anneau et découvertes par le satellite IRAS.

Very Large Array. Ensemble de vingt-sept radiotélescopes de vingt-cinq mètres de diamètre, déplaçables sur trois voies ferrées disposées en Y, d'une longueur totale de soixante kilomètres. En suivant un astre pendant plusieurs heures, à partir de positions variées, il permet, en combinant les signaux reçus par ordinateurs, de reconstituer l'image radio que donnerait cet astre avec un radiotélescope d'une pièce, de quarante kilomètres de diamètre.

Very Large Telescope. Projet européen, en cours de réalisation au Chili. Il consiste en quatre télescopes de huit mètres de diamètre couplés ensemble pour simuler un télescope de plusieurs centaines de mètres de diamètre.

Voie lactée. Bande laiteuse qui n'est autre que notre Galaxie, vue par la tranche, et qui se dégage sur le fond du ciel étoilé. Son centre se trouve dans la constellation du Sagittaire.

BIBLIOGRAPHIE

Isaac Asimov, *L'Homme bicentenaire* (1978), Paris, Denoël, 1999.

Jean Audouze, Michel Cassé et Jean-Claude Carrière, *Conversations sur l'invisible,* Paris, Belfond, 1988.

Jean Audouze et Guy Israël (sous la dir. de), *Le Grand Atlas de l'astronomie,* Paris, Encyclopaedia universalis, 1993.

André Brack (ed.), *The Molecular Origins of Life,* Cambridge, Cambridge University Press, 1998.

Louis de Broglie, *Matière et Lumière,* Paris, Albin Michel, 1937.

Michel Cassé, *Théories du ciel,* Paris, Payot, 1999.

Arthur C. Clarke, *2001 : l'Odyssée de l'espace,* Paris, J'ai lu, 1998.

—, *Profil du futur,* Paris, Denoël, 1969.

Paul C.W. Davies, *The Fifth Miracle,* Londres, Penguin/ Viking, 1998.

Christian de Duve, *Poussière de vie. Une histoire du vivant,* Paris, Fayard, 1996.

Robert Forward et Joël Davis, *Les Mystères de l'antimatière,* Paris, Le Rocher, 1991.

Umberto Eco, Jean Delumeau, Jean-Claude Carrière, Stephen Jay Gould, *Entretiens sur la fin des temps,* Fayard, Paris, 1998.

Murray Gell-Mann, *Le Quark et le Jaguar,* Paris, Albin Michel, 1995.

Stephen Jay Gould, *L'Eventail du vivant,* Paris, Seuil, 1997.

Jean Heidmann, *Intelligences extra-terrestres,* Paris, Odile Jacob, coll. « Opus », 1996.

—, *L'Odyssée cosmique : quel destin pour l'Univers ?,* Paris, Denoël, 1986.

Michael H. Hart, *An Explanation for the Absense of Extraterrestrials on Earth,* Q. J. R. Astron. Soc., vol. 16 p. 128-135, 1975.
Fred Hoyle, *Le Roman Nuage noir,* Paris, Néo, 1980.
Roy Lewis, *Pourquoi j'ai mangé mon père,* Arles, Actes Sud, 1996.
James Lovelock, *La Terre est un être vivant : l'hypothèse Gaia,* Paris, Flammarion, 1993.
T. Madigan, et L. Barry, « Extremophiles », *in Scientific American,* novembre 1999.
Jacques Monod, *Le Hasard et la nécessité. Essai sur la philosophie naturelle de la biologie moderne,* Paris, Seuil, 1973.
Théodore Monod, *Révérence à la vie. conversations avec Jean-Philippe de Tonnac,* Paris, Grasset, 2000.
Thierry Montmerle et Nicolas Prantzos, *Soleils éclatés,* Paris, Presses du CNRS, 1988.
—, *Naissance, vie et mort des étoiles,* Paris, PUF, 1998.
Edgar Morin, *Terre-Patrie,* Paris, Seuil, 1993.
Nicolas Prantzos, *Voyages dans le futur. L'aventure cosmique de l'humanité,* Paris, Seuil, 1998.
Hubert Reeves, *Oiseaux, merveilleux oiseaux,* Paris, Seuil, 1998.
Kim S. Robinson, *Mars la rouge,* Paris, Presses de la Cité, 1994.
Robert Rood et James Trefil, *L'Univers : sommes-nous seuls ?,* Paris, Belfond, 1985.
Joël de Rosnay, *Les Origines de la vie,* Paris, Seuil, 1966.
Carl Sagan et I. S. Schlovskii, *Intelligent Life in the Universe,* San Francisco, Holden Day, 1966.
Carl Sagan, *Cosmic Connection ou l'Appel des étoiles,* Paris, Seuil, 1978.
Alfred Vidal-Madjar, *Il pleut des planètes,* Paris, Hachette Littératures, 1999.
Herbert G. Wells, *La Machine à explorer le temps,* Paris, Gallimard, coll. « Folio jeunesse », 1998.
—, *La Guerre des mondes,* Paris, Gallimard, coll. « Folio », 1998.

Catherine David, Frédéric Lenoir et Jean-Philippe de Tonnac remercient Jean Audouze de les avoir mis sur la piste des nouvelles planètes.

Jean Heidmann remercie avec plaisir Marie-Ange Heidmann, chargée d'exposés au planétarium du Palais de la découverte, et Nicole Hallet, chargée des observations au grand radiotélescope de Nançay, pour avoir relu et amélioré son texte.

Alfred Vidal-Madjar s'associe aux remerciements faits à Jean Audouze pour l'intérêt et le soutien qu'il a toujours portés au calendrier cosmique. Il remercie Nicole, ses parents et beaux-parents, sa sœur, sa cousine, ses enfants, beaux-enfants et petits-enfants, ses incontournables, tels que Fahima, Béatrice et Jean-Louis, les atomes, les planètes, les étoiles de l'Univers ainsi que tous les petits hommes verts !

Nicolas Prantzos remercie Maria pour sa patience durant les longues soirées de décembre dernier et lui promet de fêter dignement le XXIe siècle l'année prochaine.

Table

Nicolas Prantzos
L'ODYSSÉE DU FUTUR

Hubert Reeves
LE GAI SAVOIR

Annexes

Composition réalisée par JOUVE

IMPRIMÉ EN ALLEMAGNE PAR ELSNERDRUCK
Dépôt légal Éditeur : 26507-10/2002
LIBRAIRIE GÉNÉRALE FRANÇAISE - 43, quai de Grenelle - 75015 Paris.

ISBN : 2 - 253 - 15351 - 6

31/5351/7